KB096501

알아두면 피곤한 과학 지식 2

그래도 아는 게 백배 낫다!

Originally published in French under the following title:
Tu mourras moins bête, tome 4. Professeur Moustache étale sa science!
by Marion Montaigne

Published by arrangement with Editions Delcourt
through Sibylle Books Literary Agency, Seoul

알아두면 피곤한 과학 지식 2

그래도 아는 게 백배 낫다!

마리옹 몽테뉴 글 · 그림 | 이원희 옮김

작가정신

차례

다스 베이더의 인생은 왜 그 모양일까?

콧수염 박사님께
우리끼리만 하는 말인데요.
다스 베이더의 인생이
엿 같았다고 생각하지
않으세요?
루크

모르는 사람은 없겠지만, 영화 <스타워즈>의 캐릭터인 다스 베이더는 검은색 망토에 검은색 철가면이 트레이드마크이고, 낡은 기계처럼 불길한 소리로 호흡하며 엄청난 아우라를 뿜어낸다.

인공 생명 유지 장치를 장착한 다스 베이더로 재탄생하기 전, 아나킨(다스 베이더의 본명)은 아주 어릴 적부터 무시당하기 싫어했고…

십대 때는 더 심각해졌다.

* 파다완 : 제다이 수련생.— 역자 주

꽁지머리를 자르고 머리카락을 기른 뒤에도 항상 그를 괴롭히는 누군가나 무언가가 있었다.

아나킨은 제다이 스승
오비완 때문에 용암에
소시지처럼 타죽을 뻔했을
때부터 증오심에
불타오르기 시작했다.

툴루즈의 두 정신과 의사는 1952년 미국정신의학협회가 만든 정신 질환 진단 및 통계 편람인 DSM-IV로 다스 베이더의 인성을 진단했다.
진단 결과는 경계성 성격 장애로 나타났다.
경계성 성격 장애의 증상은 다음과 같다.

• 분노/충동성

• 정서 불안

- 의기소침, 불안정한 인간관계

* 파드메 : 아나킨의 숨겨진 아내이자 루크의 어머니.― 역자 주

로봇들은 아나킨의 원초적 나르시시즘을 재구성하기 위해 그를 정신과 의사에게 보내는 대신, 잔인하게 마취도 하지 않고 수술하기로 결정한다.

돼지 멱따는 소리 내는 거 보니까
성대는 멀쩡한가 보군.
산소 호흡기 없이 숨도 쉬고…
젠장!
이 마스크를 통해서
숨 쉬게 해 볼까?!
ㅋㅋㅋ
마스크 설계자가
어디서 영감을 받았는지
되게 궁금하네…
헐!
헐!
헐!

<스타워즈> 위키 사이트에 따르면, 다스 베이더가 쓰고 있는 마스크의 눈 부분은 자외선과 적외선 비전을 갖추고 있어서 암흑 속에서도 선명하게 볼 수 있다고 한다. 검시관들이 자외선을 피나 오줌, 정액의 흔적을 밝히는 데 사용한다는 사실을 감안했다면…

…다스 베이더가 이웃을 사랑하는 데에도 도움이 되었을 텐데.

적외선은 움직임을 감지하는 데 매우 유용하다. (불빛이 저절로 켜지는 쓰레기통처럼.) 그렇지만 밤에 잠들려면…

…용기가 필요하다.

으아아아악!

너냐?
움직인 게!

극심한
신경쇠약
상태

어휴!

야옹!

다스 베이더의 성격이 개선되지 않는 이유는 또 있다. NASA와 러시아 과학자들은 우주복을 착용한 사람들이 씻지 않고 얼마나 버틸 수 있을지 의문이 들었다. 그래서 (지구에 있는) 우주선 모형 캡슐에 피험자들을 들여보내고 반응을 관찰하는 실험을 했다.

10시간이 지난 뒤, 피험자들은 토하지 않으려고 헬멧을 벗었다. 목 위로 올라오는 냄새를 견딜 수 없었기 때문이다!

5, 6일이 지나면 악취는 점점 더 심해져 참기 힘든 단계에 이르고… 10일이 지나면 몸을 긁기 시작한다…

헬멧에 마스크, 갑옷, 망토까지…
어마무시한 복장을 하고 있는
다스 베이더가 얼마 만에
목욕을 하는지 몰라도, 나사로
고정된 마스크를 온종일 쓰고
있으니…

…인생에서 그나마 멋진
순간을 망칠 수밖에…

02

운 나쁜
과학자들

박사님께
진짜 정말로 과학자가 되고 싶어요.
미친 듯이 탐험과 모험을 하며
살고 싶어요. 그럼 여자들한테
어필하기도 좋고요.
과학자, 너무 멋져요!
비밥 룰라

과학 탐험을 우수아이아*
같은 데서 하는 줄
아나 보지?
이 도면은
다 뭐야?

* 우수아이아 : '세상의 끝'이라 일컫는 아르헨티나 최남단 항구 도시.— 역자 주

그런 말은 기욤 르 장티가 어떤 탐험을 했는지 모르고 하는 소리다! 1760년 천문학자 기욤은 엄청난 계획을 세웠으니…

어머니! 비너스가
태양 앞을 지나는 모습을
관찰하러 인도로 갑니다.
비너스?

기욤은 금성(비너스)이 태양 앞을 지나기 1년 전에 출발했다… 배를 타고.

당시는 수에즈 운하를 만들기 전이라서 뱃길이 아주 멀었다. 게다가 예기치 않은 변수들 때문에 천문학자 기욤은 금성이 태양 앞을 지나는 날, 여전히 바다에 있었다.

여기에 더해, 거리를 측정하기도 어려운 시기였다.

하지만 기욤은 아랑곳하지 않았다. 기욤은 인도에 도착하자…

천문학자는 인도에 머물면서 천문대를 만들어 놓고, 8년 동안 금성을 기다렸다…

그렇게 시간은 흘러…

D-1
일이 술술
풀리는 듯했다…

…금성이 태양 앞을 지나가기 전까지는!

쯧쯧, 난 온종일
여기서 안 비킬 건데.
안 돼에에에에에!

낙담했을 때 먹으면
기분 좋아지는
약초 없을까요?
아까 보니까…
이미 잔뜩
취했던데?

그래서 프랑스로 돌아가는 배에 오른 기욤은… 이질에 걸렸다.

기욤은 바다에서 허리케인까지 만났지만 끈질기게 살아남아 마침내 1771년, 인도에서 출발한 지 1년 만에 집에 도착했다. 11년이나 연락이 없었으니 당연히 기욤이 죽었다고 생각한 가족은 그의 재산을 나눠 가진 뒤였다.

바로, 막스 플랑크와 알베르트 아인슈타인이다. (이들은 해리슨 포드처럼 당대에 엄청난 부와 인기를 얻지 못한 물리학자들이다.)

양자 이론으로
1918년 노벨상을

천재 물리학자

플랑크의 일생은 불행 그 자체였다. 그의 아내는 1909년에 세상을 떠났다.

마리, 내 사랑…
플랑키누,
나 이제 죽어요!

이어서 장남이 제1차 세계 대전 때 전사했다.

으아아악!
알자스
탈환을 위하여!
빵!

그다음에는 쌍둥이 딸 가운데 한 명이 출산 중 사망했다.

남은 쌍둥이 딸은 형부와 결혼했는데… 그 딸마저 1919년에 출산 중 사망했다.

마지막으로 1944년, 플랑크의 집에 폭탄이 떨어져서 그의 연구 자료가 모두 불타 버렸다.

그런가 하면, 아인슈타인은
사람들의 생각과 달리
엘리트 계층의 과학자가
아니었다.

뛰어난 지성에도 불구하고 아인슈타인은 특허청에서 따분하기 짝이 없는 업무를 맡았다.

1901년 아인슈타인은 여가 시간을 이용해 '빨대의 유동성'이라는 제목으로 첫 논문을 썼다.

이 논문은 같은 과학지에 실린 플랑크의 양자 이론에 가려 주목받지 못했다.

하하하!
Das ist gut gemacht!*

(아인슈타인은 여성들과 잘 지내는 편이라고 할 수 없었다.)

* 독일어로 '잘했어요!'라는 뜻.

아인슈타인은 1905년 특수 상대성 이론을 다룬 「움직이는 물체의 전기역학에 관하여」라는 논문(그 유명한 $E = MC^2$)을 쓴 뒤에도 대학 조교나 고등학교 교사 자리를 거절당했다.

아카데미아
머저리!
E=MC²

다른 예로는, 오늘날 세계적으로 유명한 인물 하나가 1907년에 빈의 미술학교에서 입학하지 못하고 모욕을 당하자…

…화가 나서 참을 수가 없었다.

그래, 알아, 네가 맞아!
그러니까 절대로 다른 사람들이
너한테 이래라 저래라
하게 내버려두지 마!
계속 싸워야지!
저스틴 비버가 그랬어.

네버 세이
네버!
끝까지
가즈아!
포기하지 말고!

FUCK

03

우주비행사의 심리적 고통

우주비행사는 빈틈없이 완벽한 인간이라고 생각하는 이들이 많다.

팬티도 활기차게, 패기 있게, 박력 있게 입고!

우주비행사는 신비롭고, 진실하고, 흠잡을 데 없고, 지능이 높아 보이지만…

…약간은 귀차니스트일지도 모른다.

물론, 인류 최초의 우주비행사 유리 가가린처럼 용감하게 우주에 발을 내디딘 우주비행사들은 러시아 스타 시티에 있는 모든 이의 찬사를 받았다!

심리학자들만 빼고.

* 우라노스 : 하늘의 신.— 역자 주

실제로 1959년 '우주 정신의학 심포지엄'부터 유진 브로디 박사를 비롯한 여러 심리학자들은 우주 탐사가 우주비행사의 정신 건강에 어떤 영향을 미치게 될지 우려했다.

간단히 말하자면, 심리학자들은 유리 가가린 같은 우주비행사들이 지구 궤도에 진입해 아득하게 먼 지구를 보면 미쳐 버릴지도 모른다고 생각했다.

이러한 증상을 '분리 현상'이라고 하는데, 두 가지 유형으로 나타난다.

1. 행복감으로 충만해지는 유형

2. 극심한 불안감을 표출하는 유형. 우주비행사 가운데 약 13퍼센트가 이 증상을 보인다.

1965년, NASA의 유인 우주선 제미니 4호의 우주비행사 에드워드 화이트는 미국인 최초로 우주 유영에 성공했다. 그는 임무를 마친 뒤, 위험에도 불구하고 도취감에 빠져 복귀 명령을 따르지 않고 캡슐로 돌아오려 하지 않아 그를 귀환시키기 위해 애를 먹어야 했다.

* (말한 그대로.)

이와 같은 '분리 현상'은 극복하기 쉽지 않으며, 숙련된 우주비행사라도 우주 유영을 위해 우주선 밖으로 나가면 우주 적응 증후군에 시달릴 수 있다.

이때 '선외 활동 현기증' 또는 '우주 유영 현기증'이 일어날 수 있다. 200킬로미터 밑에 있는 지구를 시속 27,000킬로미터로 선회하는 우주선의 속도가 우주비행사에게 고스란히 전해져 공포에 빠지기 때문이다.

우주비행사가 느끼는 상황

실제 상황

설명하자면, 무중력 상태에서 뇌는 공간과 위아래를 해석하기 위해 최선을 다하지만…

부품이나 사물, 동료 비행사 등이 일시적으로 질서를 깨뜨릴 경우, 우주비행사는 공간방향감각 상실로 인한 착시 현상에 시달릴 수 있다.

뇌가 길을 잃으면, 우주비행사는 갑자기 어지럼증을 느껴 구토를 참을 수 없게 된다.

* 휴스턴 : NASA의 우주비행사들은 '작전 통제 센터'를 '휴스턴'이라고 부른다. — 역자 주

우어어어어!
어머… 아가!
왜 이래!
분리 현상
이거 봐요! 씩씩한 척해 봐야
겁에 질린 아이가 뒤에
숨어 있는 거잖아요!
- 시끄러!
키스는 무슨
얼어 죽을…
키스나
합시다!
나 콧수염
박산데…
뭐,
좋아요!
까짓거.

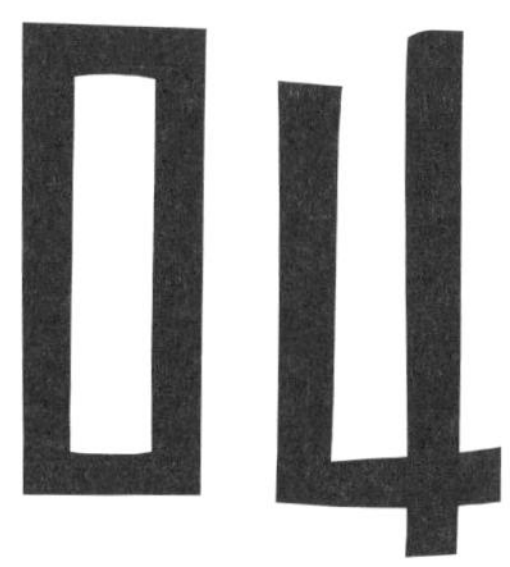

〈반지의 제왕〉의 간달프와 물리학

$D = \frac{1}{2} G t^2$ $G = 9{,}8$

$D = \frac{1}{2} 9{,}8 \times 12^2$

$D = 705{,}6$

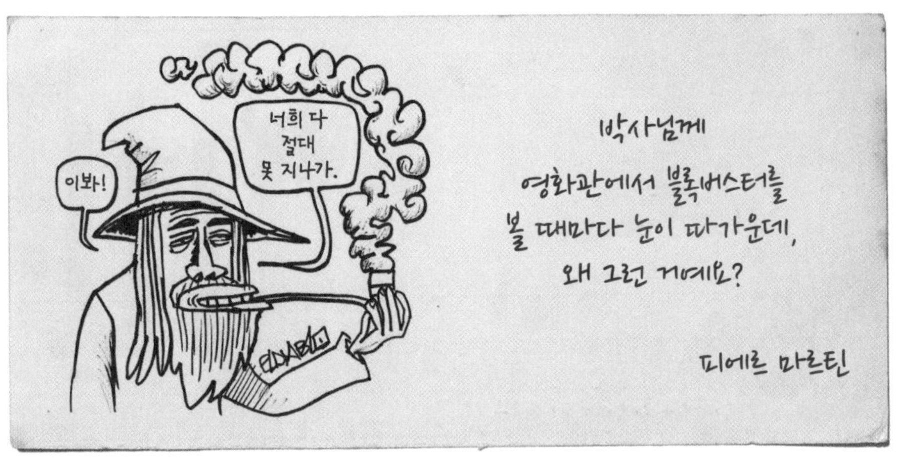

많은 사람이 그렇듯이, 당신도 <반지의 제왕> 3부작을 적어도 세 번은 봤을지도 모르겠다.

…<호빗> 3부작과 혼동하면 안 된다.

이런 영화를 볼 때, 다음 네 가지 유형의 관객 가운데 누구의 눈이 가장 심하게 충혈될까?

A. 평범한 관객

B. 시나리오 작가

C. 콧수염 박사(과학–수학–물리학)

D. 잡지사 기자

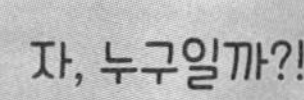

정답 : A, B, C 그다음 D (특히 C)

중력에 관심이 많은 관객이라면 <반지의 제왕>에서 당연히 관심을 가질 만한 장면이 있다. 바로, 간달프가 온몸이 불타오르는 사도마조히즘 성향을 가진 발록*과 다리 위에서 싸우는 장면이다.

* 발록 : '중간계'에 살며 화염 검과 화염 채찍을 지닌 불의 악령.—역자 주

** 메슥거리면 불 뿜지 말고 까스활명수 먹어!

잠시 뒤, 발록은 구렁으로 추락하기 시작한다… 12초 동안이나! 12초 동안 추락하려면 구렁의 깊이는 얼마나 되어야 할까?

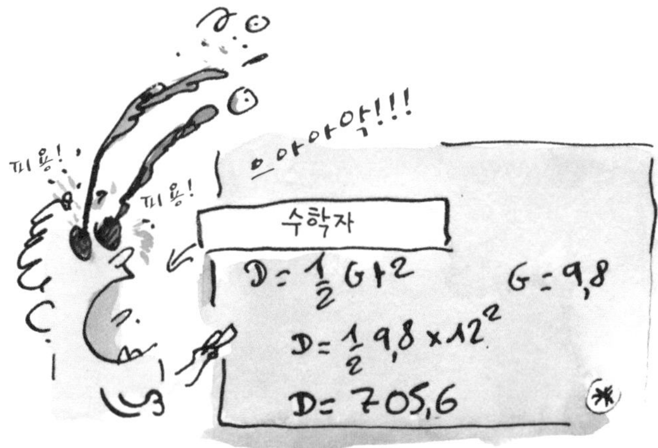

705.6미터에 이른다!!!
에펠 탑의 2배가 넘는 깊이다!
추락하기 시작한 지 12초가 지난 뒤,
발록은 화염 채찍을 휘둘러
간달프의 발에 거는데…

…그야말로 대단한 조준 실력이다!

그래도 그렇지, 705.6미터나 되는 채찍을 지니고 다니다니!

저기, 비숑…
…내 채찍 못 봤나?!

근데 넌 어떻게 500미터도 넘는 걸 잃어버릴 수가 있어?
그게…
누가 태웠나!!!

하지만 여기서 끝이 아니다! 간달프는 어찌나 끈질긴지 추락하는 데 34초가 걸린다.

그래, 슬로 모션이라 치고 대강 30초가 걸렸다고 해 보자.

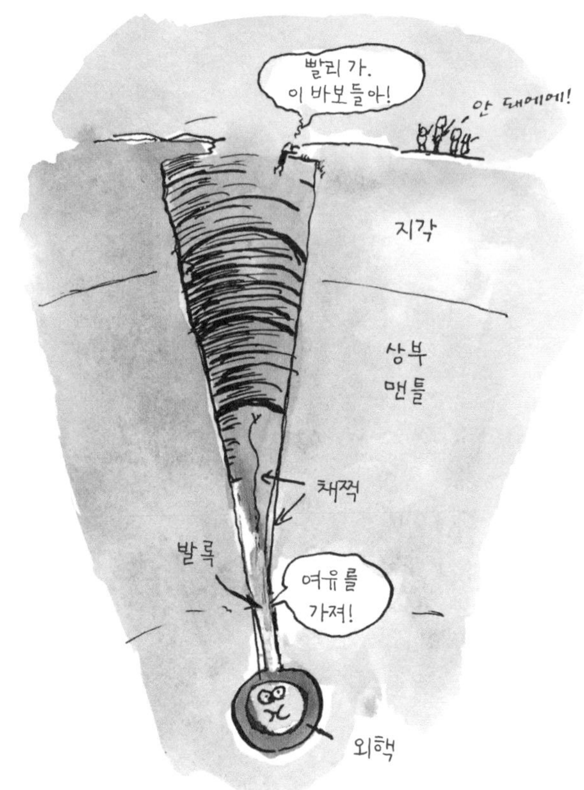

그 30초 동안 발록은
계속 평온하게
추락하고 있었다…
총 4,410미터를!

이때 발록의 추락 속도는 (진공 상태라는 가정 하에) 초속 294미터에 이른다…
이 속도를 눈으로 따라갈 수 있을까?

이런 속도를 보는데
눈이 충혈되지 않고 배길
사람은 없을 것이다.

어쨌거나 안 될 거 있나? 발록은 초자연적인 괴물인데. 발록은 그렇다 치고, 정말 이상한 건 간달프다. 간달프는 추락하면서…

…17초 만에 발록을
따라잡았다. (그것도
발록이 추락하는 사이에.)
계산할 필요 없다.

간달프는 무려 29킬로미터나 되는 거리를…
단 17초 만에 주파했다!

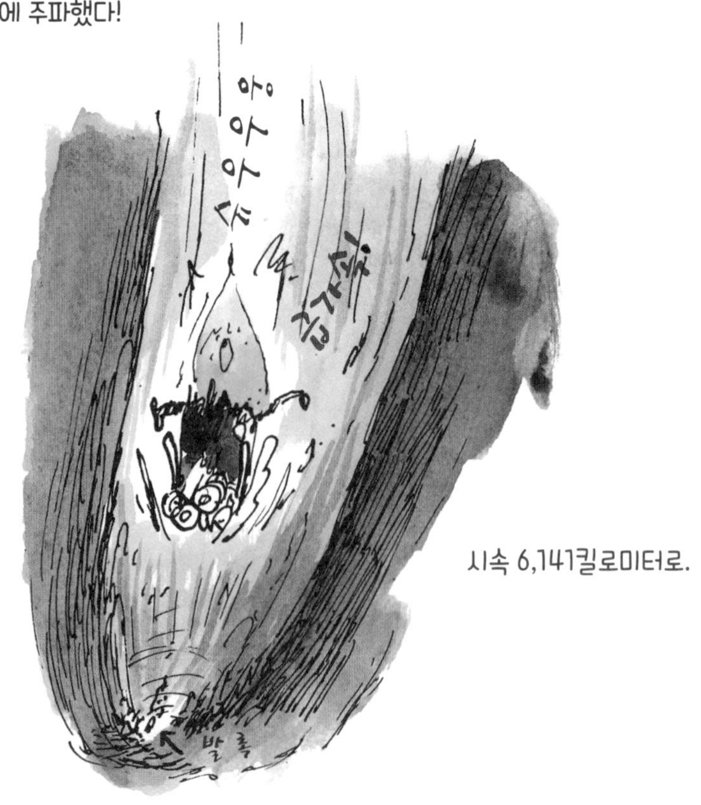

시속 6,141킬로미터로.

잠시 뒤, 발록과 간달프는 자유 낙하하며 68초 동안 혈투를 벌인다. 지옥으로 떨어지는 그들을 얼마나 빠른 속도로 촬영했을지 짐작이나 할 수 있겠는가?

이 속도라면, 파리에서 몽생미셸까지 가는 데 1분이 걸린 거나 다름없다.

대단한 시나리오예요, 피터!
그런데 이 추락 장면은
너무 이상하군요…
피터 잭슨
대본
이 지점에서
알몸 엘프를 볼 수
있는 겁니까?
그것도
68초 동안이나?
좋아요!
아이고!
아야!
아야!

05

내 머리를 다른 사람의 몸에 이식한다면?

박사님께
머잖아 머리를 다른 사람의 몸에
이식시킬 수 있다고 하던데,
사실이에요?
장 세르보

사람들은 모르지만,
나는 스티븐 호킹의 숨겨진 딸이라…

…나도 호킹처럼 루게릭병에 걸려 사지가 마비될 확률이 $2\sqrt{52}$ 정도 된다.

2050년
박사님!
좋은 소식입니다.
전보다 더 아프지는
않으실 겁니다.

1970년대 로버트 화이트 박사는 원숭이의 머리를 다른 원숭이의 몸에 이식시키는 데 성공했다.

2013년, 신경외과 세르지오 카나베로 박사는 머지않아 (스티븐 호킹처럼) 사지가 마비된 사람이 이식 수술을 받는 날이 올 거라고 발표했다.

그리 복잡하지
않아요!

수여자

경동맥

정맥

척추골

머리
멀쩡함

신체
"병듦"

몸과 머리를
차갑게 식힌
다음…

여기를 절단하는
거죠!

공여자에게도
똑같이 합니다.

뇌사

그런 다음
봉합하면
돼요!

건강한
신체

공여자

잠깐! 우선, 공여자와 수여자 간에 의학적으로 호환 가능성이 있어야 하는데…
여기에는 몇 가지 선행 조건이 있다.

1. 체격이 비슷해야 한다.

2. 성별이 같아야 한다.

제가 남자일까요,
여자일까요?
뭐가 보여요?!

3. 연령도 비슷해야 한다.

때마침, 그리 멀지 않은 곳에서 스칼렛 요한슨이 소피아 코폴라 감독의 다음 영화를 촬영하다가 "돈은 많고 사는 건 따분하네."라고 말하며 컵케이크에 발이 걸려 넘어졌다고 해 보자.

이제 '헤븐(HEAVEN, Head Anastomosis Venture : 머리 이식 사업)'이라고 이름 붙인 수술 방법을 자세히 설명해 볼 텐데…

…조건이 맞아서
스칼렛 요한슨의 몸에
콧수염 박사의 머리를
이식했다고 치자.

머리 이식 수술은 그 자체로도 위험하지만 윤리적으로도 다음과 같은 여러 문제가 제기된다.

1. 영혼

2. 생식 세포
콧수염 박사가 자식을 낳는다면, 의학 기술적 측면에서 그 아이는 스칼렛의 몸이 만들었다고 할 수 있다.

3. 거부 반응

이식 수술을 할 때, 수여자의 몸이 거부 반응을 일으킬 수 있다. (면역 체계가 무너지기 때문이다.) 이런 상황이 일어날 경우, 몸과 머리 중 어느 쪽이 이식을 거부하는 걸까?

이 경우는 박사의 항체가
스칼렛의 세포 조직을 공격해서
일어나는 현상이다.

C. 최악의 경우 :
상호 거부

다른 말로 하면 완전 아수라장!

4. 윤리성

(요즘 그 수가 점점 늘고 있는) 백만장자가 자신의 몸 대신 죄수의 몸을 선택하면 어떤 상황이 벌어질까?

백만장자가 범법자의 지문을 갖게 되면, 나중에 큰 혼란을 야기할 수 있다. 얼마나 문제가 클까?! 예를 들어, 공항에서는?

경찰에게 이렇게 설명해야 할지도!

러시아의 사업가인 드미트리 이츠코프는 '2045 이니셔티브 프로젝트'를 추진하고 있다. 두뇌에 담긴 모든 정보를 로봇의 하드디스크에 옮겨 영원히 보존하겠다는 것이다.

인류가 멸종되고 500년이 흐른 뒤, 외계인들의 고고학 유적지.

06

고래 배 속에서
살아 돌아올 수 있을까?

하느님은 단순하게 말씀하시는 대신…

…명확하지 않은 비유를 선호하신다. 그래서 인류는 수세기 동안 그 말씀의 의미를 두고 다투었다. 「요나서」는 하느님의 명을 따르지 않겠다고 선언하고 도망가려고 배에 올라탄 예언자 요나의 이야기다.

하느님께서 요나에게 내린 명은 니네베로 가라는 것이었다.

그 뒤를 간단히 설명하자면, 요나는 바다에 던져져 거대한 물고기의 배 속에서 천막도 없이 사흘을 보내다 기적적으로 되살아나 사명을 완수한다.

과연 가능할까? 며칠 동안 거대한 물고기의 배 속에 있다 무사히 살아나올 수 있을까? 이 질문에 답하기란 위험하다.

christians_answers.net
(말 그대로)
"성경 속 이 일화는 자칭 궤변가나 지식인이라는 이들 사이에서 가장 터무니없다고 여기는 내용으로 손꼽힌다."
그래도 한번 해 보자.
딱! 딱! 딱!
06666666...
'SOS 고해 성사'입니다. 말씀하세요.
저를 궤변가로 만들어 줄 지성적인 이야기를 하려고 합니다.

먼저, 문제의 거대한 물고기는 고래가 아니다. 대왕고래와 같은 대형 고래는 주로 입안에 이빨 대신 나 있는 고래수염으로 작은 생물체만 걸러 먹는데, 인간은 고래수염을 통과하지 못한다.

반면, 이빨고래에 속하는 향유고래는 인간을 삼킬 수 있다.

하지만 향유고래가 이빨이 있기는 해도…
먹이를 씹어 먹지는 않는다.

틀림 X

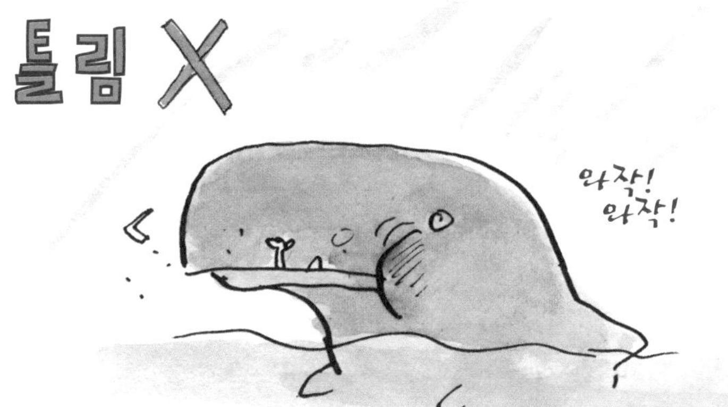

먹이를 빨아들인다.

맞음 √

향유고래는 첫 번째 위로 압력을 가해 소화시키는데 그 압력이 약 35바에 이른다. 35바는 어느 정도 힘일까?

1) 안젤리나 졸리가 키스할 때의 힘?

2) 서로 뒤엉킨 럭비선수들이 상대를 어깨로 들이받을 때의 힘?

3) 시속 80킬로미터로 달리는 차에서 개가 튕겨나가 앞 유리창을 박살 낼 때의 힘?

정답은 3번! 산소가 없는 환경에서 동시에 빨아들인 문어와 인간 모두에게 이 힘이 가해진다고 상상해 보라.

문제는 또 있다. 첫 번째 위와 두 번째 위 사이의 연결 통로는 인간이 통과하기에는 너무 좁다. 기적이 일어났기에 망정이지, 그렇지 않았다면 요나는 아마 갈가리 찢겼을 것이다.

주여, 이런 시험에
들게 하셔서 감사합니다!
첫 번째 위
두 번째 위

향유고래의 두 번째 위는 산과 효소로 가득 차 있다. 인간은 그 안에서 양잿물에 담근 것처럼 탈색되고 쭈글쭈글해지고 화상을 입은 피부로 완전히 분해되기 전에 빠져나가야 한다.

요나 vs 향유고래, 이틀 뒤

따라서 사흘 뒤, 하느님은 요나를 끌어내셨다. 하지만 성경에는 고래의 어디로 요나를 끌어냈는지 구체적인 언급은 없다…

…펭귄이다!

이제 성경이 재미있어질 일이 벌어진다!

사흘 뒤…

07

생체 공학자는 특이한 실험을 한다고?

물론, 나는 생체 공학자가 무슨 일을 하는지 잘 안다. 그런데 대체 무슨 생각으로 이런 질문을 했지?

하지만 인체 기관을 이렇게 공학 용어로 배기관이라고 말하는 일이 없도록 구체적인 정보를 얻기 위해, 나는 국립고등기술공예학교로 생체 공학자 밥티스트를 만나러 갔다.

생체 공학자들은 인간의 몸이 어떻게 움직이고, 넘어지며, 부상당해 뼈가 부러지는지 연구하는데… 이들은 TV에서 다치는 장면만 찾아보면서 재미있어하는 엉뚱한 사람들이라고 봐도 좋다.

생체 공학은 인체 해부학과 상통하는 점이 있다!

안타깝네요!
오늘 아침에 다리 해부
실험이 있었는데
놓치셨어요!

아, 그랬어요?
아깝네요!

저 해부 실험
좋아해요. 특히
오전에 일찍 하는 거.

여기서는 생체 공학을 정태학과
동태학으로 나눠 연구하는데…

저는 동태학을 연구하죠.

이게 더 거칠죠.
(말 그대로.)

그래
보여요.

그렇다. 생체 공학자들은 자동차 충돌 시험을 위해 인간을 대신해 마네킹에게 시뮬레이션하기도 한다!

이 실험의 목적은 충돌한 뒤 마네킹이 어떻게 부서지는지 알아보려는 게 아니다…

십만 유로짜리 마네킹은 부서지지 않기 때문이다.

마네킹의 역할은 몸체 각 부분에 장착된 감지기를 통해 충격이 얼마나 가해지는지 나타내는 데 있다.

쇄골이 신체를 얼마나 지탱할 수 있는지 모르면 이런 측정은 아무 소용이 없다. 그걸 알아보려면 세 가지 방법이 있는데…

캥거루는 인간처럼 쇄골이 있는, 몇 안 되는 동물 중 하나다.

안전띠도 캥거루에게 잘 맞는다. 따라서 쇄골이 90킬로그램 정도 되는 충격을 견디는지 알아볼 수 있다.

둘째, 시신의 특정 부위에
실험해 보는 거죠.
냉동고
이게 뭐죠?
다리예요.

하지만… 쇄골은
다리에 있는 게 아니잖아요!
그렇죠.
다리는 동료가
연구하는 거예요.
아침에 해부했다던
그 친구요.

밥티스트의 동료 안토니는 어느 날, 아주 뜻밖의 의문이 들었다.

뜻밖의 사건이 연속적으로 일어나는 바람에…

…안토니는 힘이 어느 정도 가해져야 종아리 근육이 파열되는지 궁금해졌다.

이 궁금증을 해결하려면 다리를 해부해 근육을 분리한 뒤, 기계에 넣고 근육이 파열될 때까지 다리를 펴는 과정을 거쳐야 한다.

또 다른 동료 실뱅은 척추에서 척추경 나사못을 빼려면 힘이 얼마나 드는지 연구하기 위해 동일한 실험 과정을 거쳤다.

이 기계로 실험한 덕분에 척추에 박아 넣은 나사에 힘을 얼마나 가해야 파열될지 가늠해 볼 수 있다.

결과 : 나사를 빼는 데
70킬로그램이면 충분하며…
파열이 아니라 탈구된다.

놀라운 결과는 아니다. 사체의 뼈는 대체로 늙은 뼈, 다시 말해 골다공증성 뼈라고 할 수 있기 때문이다.

신체 부위에 충격을 주는 기계는 이 밖에도 다양하다.

생체 공학자는 노인이 넘어지는 상황을 보거나 하면 부리나케 달려가는데…

과학은 어떤 상황에서도
배울 게 있다!

노인들은 어떤 동작을 했는지 정확히 말하는 경우가 드물기 때문에 망치로 실험해 볼 수 있다.

하지만 어떤 경우는 생체가 필요하다. 움직이는 신체, 그러니까 젊은이나 스포츠맨의 신체 같은…

천연 잔디보다 인조 잔디에서 더 심하게 다치는 이유는 어떻게 알아볼 수 있을까?

이런 경우, 젊은이의 시신을 구하거나 살아 있는 모르모트를 활용할 수가 없다… 대신 공을 찰 몸뚱이를 구하면 몰라도.

그래서 털이 난 굵은 허벅지를 산업 기계로 대체할 수 있는데…

…이 기계는 다리로 공을 차는 동작을 수천 번 똑같이 흉내 낼 수 있다.

천연 잔디보다 인조 잔디에서
훨씬 심하게 다칩니다.
시험해 봤으니 이제 아시겠죠…

따라서
잘 이해했다면…
다음에는 위험한
시험을 해 보겠다는
아주 멋진 생각을
하게 될지도 모르지만…

나타나엘! 뭐 좀
시험해 보려고요!
좋아!
찍을게!
(근사한
천연 잔디)

…생체 공학자에게 독창성은 없다는 걸 기억해 두자.

박사 :
1.50미터
속도.
추락
충격
엄청
아프겠는데.
고통 × 4
아야!

08

우주비행의 수익성

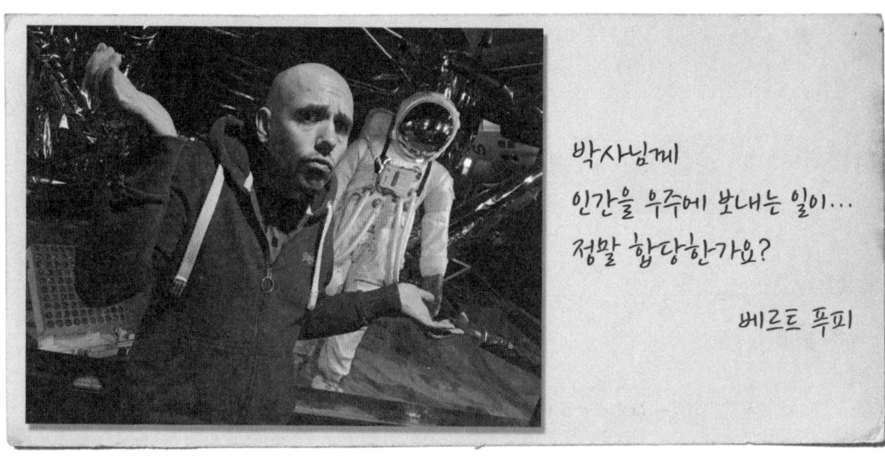

박사님께
인간을 우주에 보내는 일이...
정말 합당한가요?
베르트 푸피

물론 합당한 일이라고는 할 수 없다!
미국인들의 달 착륙이 한 나치 덕분이었다는 사실을 상기시켜야 할까?

1930년대 독일의 엔지니어였던 베르너 폰 브라운은 로켓 공학을 연구하면서 우주 정복을 하겠다는 꿈을 키웠다.

베르너?
당신, 내 좌약으로 뭐 하는 거예요?

한편, 당시 히틀러는 수십 킬로미터 떨어져 있는 연합군을 위협할 로켓을 꿈꾸고 있었다.

베르너 폰 브라운은 1940년 하인리히 힘러의 무장친위대 SS에 가입했고, 소령으로 승진했다.

그러다 독일의 패망이 가까워지자 베르너 폰 브라운은 미국으로 떠났다. 바로 그 덕분에 톰 행크스 같은 우주비행사들이 우주에 갈 수 있었다.
(영화 <아폴로 13> 참조)

오늘날 아폴로 계획에 예산을 할당한다면…
…170억 달러에 달하는데…

…그 예산이면 샤를 드골 항공모함 60대를 건조할 수 있다.

뿌우!
뿌우!
안녕하십니까! 또 제가 왔습니다!
낙성식 비용도 60회나 들고…
…같은 사회자가 사회를 60번이나!

하지만 잊어서는 안 될 문제가 있으니, 바로…

경제 위기!

게다가, 2006년 우주비행사들이 자기 통제를 하지 못한다는 사실을 입증하는 사건이 일어났다. 우주비행사 리사 노박이 우주비행 임무 수행 중에 동료인 윌리엄 오페라인과… 사랑에 빠졌다.

문제는 윌리엄이 다른 우주비행사 컬린과도 사귀고 있었다는 점이었다. 지구로 귀환한 리사 때문에 NASA가 발칵 뒤집혔으니…

리사는 라이벌인 컬린을 잡으려고 올랜도 공항까지 1,500킬로미터를 쉬지 않고 달렸다.

그렇다. 남부러울 것 없는 여자도 사랑에 미칠 수가 있다. 올랜도에 도착해 변장까지 한 리사는 차에 타고 있는 컬린에게 접근해 욕지거리를 했고…

이상하게 생각한 컬린은 경계했다…

지구에서 화성으로 가는 우주 공간에서 이런 일이 일어났다고 상상해 보자!

그밖에도 문제는 많다. 우주비행사들은 방사선 때문에… 암이나 백내장에 걸리기도 했다.

아아아악!
내 팔!
으드득!
?
안 그래도 백내장 때문에 미치겠는데, 정말…
퍽!
인간은 우주 공간에서 복합적인 문제를 일으킨다.
하지만 로봇은 비용도 덜 들 뿐만 아니라 효율성까지 뛰어나다!
우주여행은 백만장자들이나 하든지 말든지 하고.
나는 예술에나 투자해야지.
그나저나 이 그림은 진짜 형편없네!

09

모이면 무식해지는 군중심리

머플러를 두른 파리지앵 지식인은 대부분 '진부한 시적 관찰'을 통해 자연 과학을 증명하는 행위를 심오한 고찰이라고 자부한다.

하지만 움직임을 살피는 일은 이들만 하는 게 아니다. 잘 모르겠지만, 이들처럼 사람들을 관찰하고 결론을 도출하는 과학자들도 있다.

인간도 단체로 걸을 때 ㅅ자 대형을 이루는 경향이 있다! 그리고 네 명 이상이 걸어갈 때도 거꾸로 된 U자를 이룬다.

사람들은 공간이나 출입문이 좁은 상황을 맞닥뜨리면 아치형으로 몰려드는데…

이때 벽에 가해지는 압력은 (특히 공황 상태에서) 강력해서 제곱미터 당 4,450N(뉴턴, 힘의 단위)에 이를 수 있다. 이 정도 힘이라면 벽을 부술 수도 있다.

이런 사태를 방지하기 위해 커다란 문을 하나만 만들지 않고 여러 개 만들거나 문 앞에 장애물을 설치해 인파가 한꺼번에 몰리지 않고 분산되도록 유도한다. 지하철에 왜 그렇게 기둥이 많은지 이제 이해되는가?

그러니 공원이나 도서전 입구에 세워진 조각상을 보고 놀랄 필요가 없다.

1895년, 군중 심리학자인 귀스타브 르봉은 다음과 같이 말했다…

1957년부터 제임스 티허스트가 분석한 결과에 따르면, 공황 상태가 되면 군중의 몰지각한 행동이… 더 극렬해진다.

공황 상태에서 대다수는 정상적 또는 상투적 반응을 보이지만, 10~25퍼센트는 부적합한 반응을, 1~2퍼센트는 정신병적 반응을 보인다.

이때 군중은 질겁해서 몸과 정신이 마비되고 무신경해질 수도 있다.

바로 이런 이유 때문에 경찰은 군중을 분산시킨다.

무리에서 떨어져 나온 이들은 자신의 행동을 자각하게 된다.

우주 스카이다이빙을 할 수 있을까?

지극히 평범한 남편들은 대부분 일상에 찌들어 살지만…

바움가르트너 부인의 남편은 그야말로 '익스트림 스포츠'를 즐긴다.

펠릭스 바움가르트너는 스카이다이버다. (우주비행사는 아니다.)

오스트리아군 낙하산 부대 출신인 펠릭스는 조금 특이한 점프를 하는 괴벽이 있다.

펠릭스는 1999년에 리우데자네이루의 38미터 구세주 그리스도상에서 뛰어내렸다. (세계 최저 고도 점프 기록 = 무지 위험.)

대만 101타워 꼭대기에서도 스카이다이빙을 했다.

심지어 2012년 10월 14일, 펠릭스는 헬륨 기구를 타고 39,045미터 우주 상공으로 올라갔다. 다이빙하러.

10월 15일 새벽, 8백만 명이 4분에 걸친 펠릭스의 자유 낙하 장면을 지켜보기 위해 인터넷 생중계에 몰려들었다. 혹자는 펠릭스가 소행성처럼 불타 버릴 거라고 예상하기도 했다.

펠릭스는 불에 타기는커녕 소시지처럼 빙글빙글 돌면서 낙하하다가…

…특유의 소리(초음속 충격파)조차 없이, 우주 상공에서 자유 낙하로 음속을 돌파한 뒤… 지상 1,500미터에서 낙하산을 펼쳐 무사히 착지했다.

우주 스카이다이빙은 과학에 어떤 기여를 할까? 펠릭스는 왜 소시지처럼 빙글빙글 회전했을까? 그는 왜 불타지도, 추락하지도 않았을까? 어떻게 한 인간에게 테스토스테론과 아드레날린이 똑같이 많을 수가 있을까?

재미있는 사실은 지상의 기술팀에 조 키팅거가 있었다는 점이다. 그는 1960년 스카이다이빙으로 신기록을 세운 비행사로, 당시 미 공군은 한두 가지 확인하고 싶은 사항이 있었다.

잘 알려지지 않은 사실이지만, 조 키팅거는 여압복에 문제가 생긴 상태에서 뛰어내렸다. 지상에서는 알아차릴 수 없는 문제지만, 100킬로미터에 이르는 공기층이 머리 위에서 압력을 가하면 상황이 달라진다.

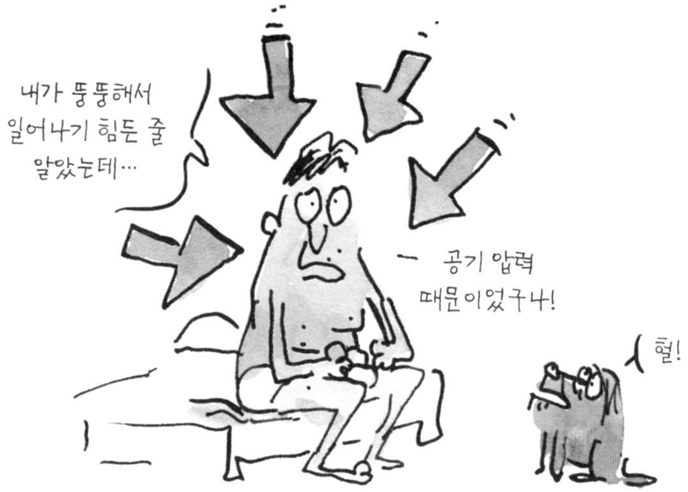

내가 뚱뚱해서 일어나기 힘든 줄 알았는데…

공기 압력 때문이었구나!

헐!

?

아니, 게을러서 못 일어나는 거지.

헛소리 말고 나 좀 데리고 나가. 쉬 마려워 죽겠어!

고도 39킬로미터 상공의 기압은 지상 기압의 1퍼센트에 해당한다. 고도가 높은 곳에서 여압복을 착용하지 않으면 신체가 팽창하면서 피가 끓고 폐가 터지게 된다.

당시 키팅거는 여압복 장갑의 기밀 상태에 문제가 있다는 사실을 알아차렸지만 즉시 말하지 않았다. 실험이 취소될까 봐 우려했기 때문이었지만, 그 결과 손이 두 배로 부풀며 엄청난 고통을 겪어야 했다.

다행히, 펠릭스 바움가르트너는 훌륭한 여압복 덕분에 낮은 기압과 음속 돌파에 별다른 문제점을 느끼지 못했다.

또한 공기 밀도가 낮은 성층권에서 음속을 돌파해 초음속 충격파도 심하지 않았다. 참고로, 음속은 고도 30킬로미터에서는 시속 1,087킬로미터이며, 지상에서는 시속 1,200킬로미터이다.

그런가 하면, 기압이 낮은 상공에서 자유 낙하를 할 때 인체가 겪어야 하는 수평 회전은 분당 465회에 달하는데, 이때 치명적인 위험이 잠재되어 있다.

회전수가 늘어날수록 피가 머리로 쏠린다. 머리가 몸의 중심축이 되어 다리가 회전하기 때문이다. 더구나 시속 970킬로미터로 회전하면 여러 가지 부작용을 낳는다. 두통과 정신 착란, 심지어…

(피와 뇌척수액이 안구를 통해 나가려고 하기 때문이다.)

협찬사인 블랙 래빗을 위해 대놓고 하는 광고.

하지만 펠릭스는 침착함을 잃지 않았다. 그는 발레리나처럼 사뿐히 착지했고, 전보다 잘생긴 남자가 되어 있었다.

고맙게도, 이 도전은 펠릭스 바움가르트너에게 일석이조였다!

하지만 모험가들의 행동을 제대로 이해하지 못하는 허약한 이들은 어떨까?

6층
익명의 아드레날린 중독자 클럽
이거 봐!
야호!
안 돼! 그러지 마, 빌리!
너도 뛰어내리고 싶어지잖아!
4층
익명의 색광녀 클럽
진정해, 베티! 잊지 마, 금욕 기간이라는 거!
오오오!
히이이익!
아야!
지하실
종말론 복음교회
소시지를 찬양하라!
할렐루야!
아멘!
오, 주여!

호빗처럼
투명 인간 되기

박사님께

박사님이 쓰신 〈반지의 제왕〉에

나오는 간달프의 물리학 만화는

너무 성의 없었어요!

사과하세요!

비크 아를리에

* 제4장 참조.

어쩌면 나 때문에 심장마비가 온 덕후가 몇 명 있을지도!

푸우우웁!!
탄산음료
정말…
내가 좀 무심했구나.
미안해요. 앞으로는
아주 속속들이
설명할게요.
덕후 134
4 ever
:)

그럼 이제 호빗족 프로도가 투명 인간이 되는 문제를 설명하겠다.

프로도는 남의 눈에 띄고 싶지 않을 때…

…절대반지를 손가락에 낀다.

그러면 짜잔! 프로도는 완벽하게 모습을 감추게 되지만, 프로도의 눈에는 모든 게 보인다!

여기서 잠깐. 프로도가 뭔가를 보려면, 눈이 빛을 모아 굴절시켜서 한 점에 맺히게 해야 한다.

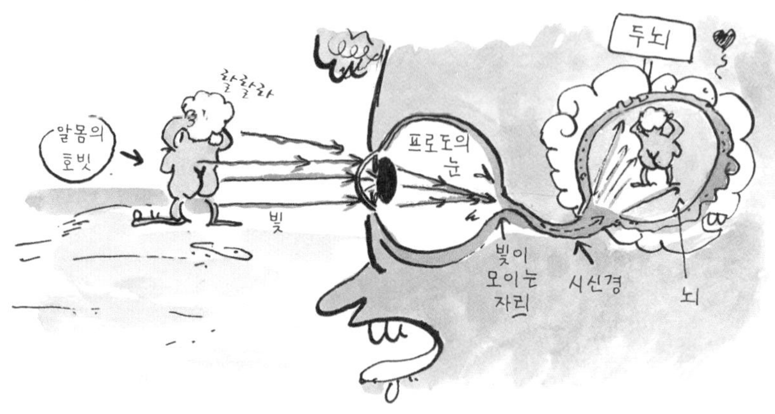

그런데 프로도가 모습을 감추려면 눈을 포함한 몸 전체가 공기와 굴절률이 동일해야 한다. 따라서 프로도가 완벽한 투명 인간이 되려면 눈이 멀어야 한다.

프로도가 눈이 멀지 않고도 볼 수 있으려면 두 눈이 빛을 흡수할 수 있어야 한다. 이 말은 프로도의 모습은 보이지 않더라도 허공에 뜬 채 움직이는 검은 점 두 개는 보여야 한다는 뜻이다.

갑자기…

크르르르릉!!
아야야야
찰싹!
아니, 세상에. 프로도 나리. 어떻게 된 일이에요!?
파리채에 얼굴을 맞았어… 으아야야… 아파.

심장마비로 죽은 덕후가 무덤에서 튀어나오는 일은 없어야 하니, 마지막으로 임페리얼 칼리지 런던의 니콜라스 홉킨슨 박사가 연구한 쓸데없지만 진실한 내용을 설명하겠다.

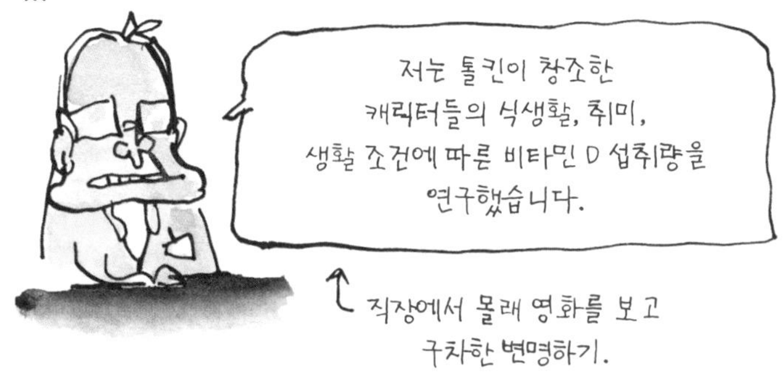
저는 톨킨이 창조한
캐릭터들의 식생활, 취미,
생활 조건에 따른 비타민 D 섭취량을
연구했습니다.
직장에서 몰래 영화를 보고
구차한 변명하기.

들판을 뛰어다니며 와인을 마시고 치즈를 먹으며 살아가는 호빗족은 건강 상태가 좋은 편이다. (호빗족이 최종적으로 승리하는 이유가 바로 여기에 있다.)

햇빛이 들지 않는 동굴 속에서 사는 골룸이나 오크족 등 악한 무리는 비타민 D 섭취가 부족해 모두 핏기라곤 없이 창백하다. (그러니 이들이 호빗족에게 질 수밖에.)

비타민 D가 결핍되면 골다공증으로 인한 골절의 위험이 있다. <스타워즈>의 등장인물들이 쉽사리 팔을 잃는 것도 놀라운 일은 아니다! 햇빛을 전혀 보지 못하니!

물론 누군가는 이렇게 말하고 싶겠지. "어휴! 하나 마나 한 소리! 악한 무리가 어둡고 열악한 곳에서 사는 게 뭐라고! 원래 악당은 그런 이미지인데!"

영화 <해리 포터>의 '볼드모트의 집' 초안이었으나 퇴짜 맞음.

그렇지만… 재미있는 우연의 일치가 또 있다! 어둠 속에서 영양가 없는 음식을 먹고 사는 사람이라고 하면… 누가 또 생각나지 않나?!

12

소변기와
수줍은 방광 증후군

…여성들이 그런 행동을 하는 이유는 공중화장실 변기에 엉덩이를 대기 두려워하기 때문이다.

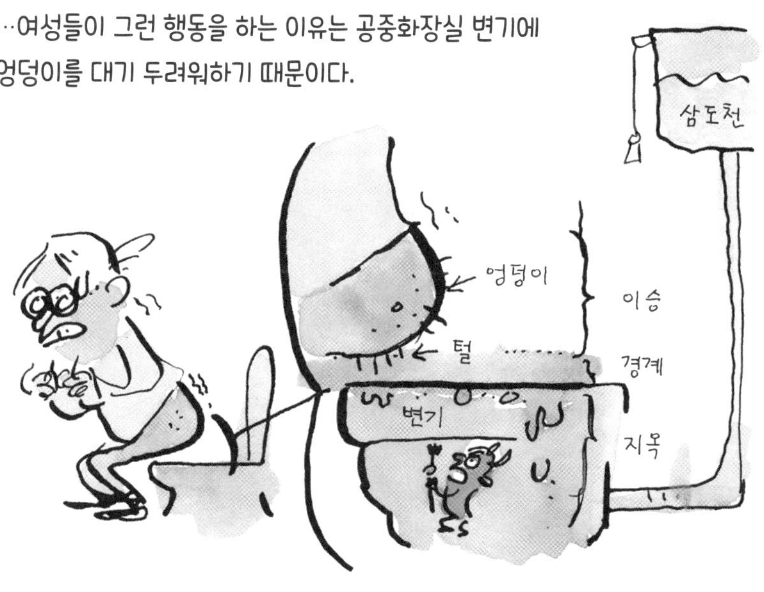

이 두려움은 어머니에게서 딸에게로, 세대를 거쳐 내려온다.

남성은 소변을 볼 때
여성처럼 두려움을
느낄 일은 없다.
께름칙한 변기와 직접
접촉하지 않기 때문이다.

하지만 혹자는 "남성은 볼일을 볼 때 자신의 성기를 만지게 되어 있다!"며, 이 또한 비위생적이라고 주장한다. 따라서 두 파로 나뉜다.

1) 남성의 성기가 있는 골반 주위가 박테리아의 온상이라고 말하는 이들.

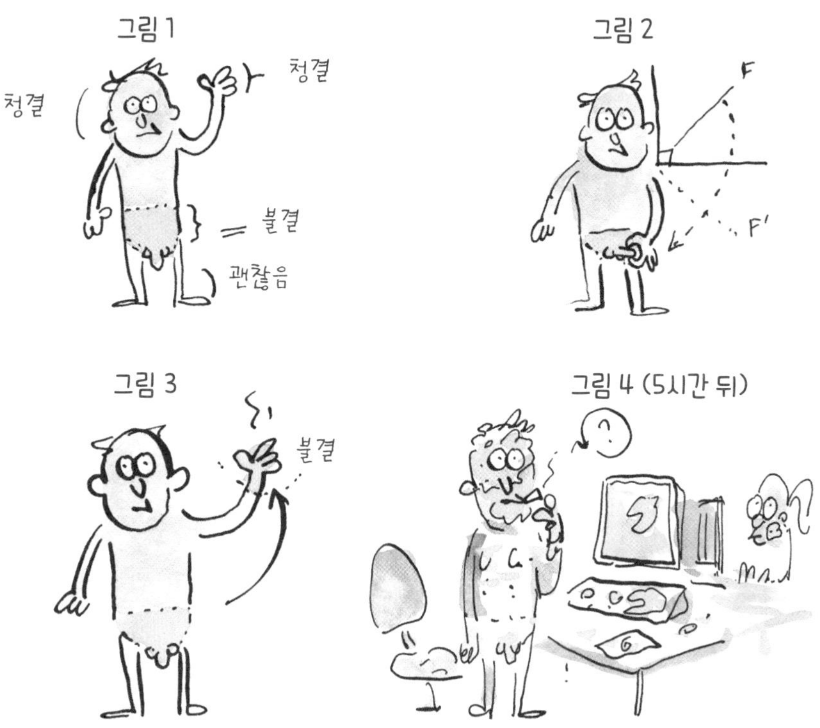

⇒ 따라서 화장실에서 볼일을 본 뒤에는 손을 깨끗이 씻어야 한다.

2) 반대 측 주장은 이렇다. "성기는 팬티가 보호하고 있어 손보다 불결하지 않다. (여기에 덧붙여, 소변은 무균 상태나 다름없다.)"

위생 문제는 이처럼 두 파로 갈린다. 하지만 남성이 공중화장실에서 소변을 보지 못하는 상황은 청결 상태가 걱정되어서가 아니다.

모르는 사람들 사이에서 볼일을 보는 데 스트레스를 받는 남성의 90퍼센트가 '수줍은 방광 증후군'이라 불리는 공중화장실 공포증이 있다.

어떤 영역이든, 심지어 내밀한 영역일지라도 과학적 조사를 마다하지 않는 과학자들은 남성들이 공중화장실에서 거북함을 느끼는 심리 현상을 연구했다. (「영국 범죄학 저널」 제52호)

여성들은 공중화장실에 다닥다닥 모여들어, 그야말로 꿀벌들이 벌통에 모여드는 모양새이지만…

…남성들이 공중화장실을 쓰는 모습은 흡사 악어가 득실거리는 물가로 모여드는 영양 무리 같다.

공중화장실에서 볼일을 보는 남성들은 '암묵적 예의'를 지키는 것으로 나타났다. 신중함을 잃지 않고, 재수 없는 행동을 하지 않도록 조심하며, 시선을 마주쳐서 변태로 오해 받아…

그림 1 : 22시 04분

…공격성을 유발하지 않도록.

그림 2 : 22시 06분

「영국 범죄학 저널」에는 다음과 같은 기사도 실려 있다. “(…) 남성이 공중화장실에서 폭력에 두려움을 느끼는 원인은 남녀 간의 통상적인 계층 구조가 일시적으로 정지된 데 있다.”

남성은 공중화장실에 들어가면 재빨리 소변기 위치를 파악하고 분석하게 된다.

비어 있는 소변기를 'n'이라 하고, 남성의 뇌는 프라이버시를 지킬 거리에 있는 소변기를 선택하기 위해 분석에 돌입한다. 이 어려운 선택 과정을 수학적으로 계산한 수학자가 있다.

$$E[R_n(p)] = \begin{cases} \frac{p}{2p-1} + O(r^n) & \text{if } p > 1/2 \\ 2\sqrt{\frac{n}{\pi}} - \frac{1}{4}\frac{1}{\sqrt{n\pi}} + O(n^{-3/2}) & \text{if } p = 1/2 \\ \frac{1-2p}{1-p}n + \frac{p}{1-2p} + O(r^n) & \text{if } p < 1/2 \end{cases}$$
*

* 에반젤로스 크라나키스와 대니 크리잔크가 '소변기 문제'에서 도출한 계산.

공중화장실에 있는 타인의 행동까지 고려하면 계산은 더 복잡해지기 때문에…

$$E(n,i) = \begin{cases} \frac{n+1}{2} + (1/2)\sum_{k=\lceil n/3\rceil}^{\lceil n/2\rceil} kp_{i,k} & i = 1, n \\ \frac{n+1}{3} + (2/3)\sum_{k=\lceil n/3\rceil}^{\lceil n/2\rceil} kp_{i,k} & i = 2, \ldots, n-1. \end{cases}$$
$F(n,i) = \sum_{k=\lceil n/3\rceil}^{\lceil n/2\rceil} kp_{i,k}$. 여기서 $F(n,i)$는 이미 누군가 사용 중인 소변기를 다음 사람이 또 선택하는 것이다.(맨 끝에 있는 소변기를 i번째라고 할 때)
$$F(n,i) = 1 + \begin{cases} F(n-2) & i = 1, n \\ F(n-3) & i = 2, n-1 \\ F(i-2) + F(n-i-1) & n = 3, \ldots, n-2 \end{cases}$$
소변기 개수가 (5개 이상 12개 이하인) 구간에 있는 소변기 중 어떤 소변기를 선택해도,
$F(n) = \sum_{i=0}^{n-1} \frac{(-2)^i(n-1)}{(i+1)!}$ 라는 식이 성립된다.
…
…
$$E[R_n(p)] = \begin{cases} \frac{p}{2p-1} + O(r^n) & \text{if } p > 1/2 \\ 2\sqrt{\frac{n}{\pi}} - \frac{1}{4}\frac{1}{\sqrt{n\pi}} + O(n^{-3/2}) & \text{if } p = 1/2 \\ \frac{1-2p}{1-p}n + \frac{p}{1-2p} + O(r^n) & \text{if } p < 1/2 \end{cases}$$
?
이크!
?

수학자에게 공중화장실은
지옥이나 다름없다.

와!
다
나왔네!
공중화장실
공포증에서
해방됐다!
그렇다고
소변 검사 때마다
수학적으로 계산하라고
조언할 수는 없다.
차라리 사람들 간의
계층 구조가 분명한 상황을
찾아보든지.
대통령님!
뭐 하시는
겁니까…
그게,
소변이
마려워서요.
시원하군!
이번 개각은
잘된 것 같군요!

13

스스로 실험 쥐가 된
엽기적인 과학자들

박사님께

전 이제 막 대학생이 됐는데,
저희 아버지는 제가 박사 학위를 따고
굶주린 맹수처럼 죽어라 일에 파묻혀
살길 바라십니다. 정말 답이 없습니다.

어떡하면 좋을까요?

로제 가타즈

워커홀릭이란 병적으로 일에 중독되어 있는 사람을 지칭한다.

예 : 초고속 열차 1등석에 앉아 있으면서도 시간이 아까워
경제지를 펼쳐 놓고 「생산성과 성공」이라는 기사를 읽고 있다.

워커홀릭 이야기를 하다 보니 생각나는 이들이 있다.

자멸을 초래하는 워커홀릭 가운데 퍼시 테리라는 인물을 소개하겠다. 20세기 초에 살았던 이 인물은 세계 대전 중에 아주 기발한 생각을 했으니…

퍼시는 몸에 바르면 피부가 단단해져서 방탄 피부(일종의 방탄조끼)가 되는 연고를 발명했다.

얼마나 기발한 발명품인가! 특히 무방비 상태라서 제대로 싸워 볼 수가 없었던 나체주의자들에게는.

퍼시는 어찌나 일에 헌신적이었던지, 연고를 자기 몸에 시험하기로 했다. 즉, 자신에게 총을 쏘기로 마음먹었다. 그런데 이상하게도 그는 총구를 다른 부위도 아닌 얼굴에 들이댔다.

맙소사, 총알은 뺨을 관통했다. 그는 자신이 발명한 '방탄 피부'가 총알을 막아 주지 못했다는 사실에 약간 실망했지만, 낙심하지는 않았다.

뻐어어엉!
…부자가.
꽈당!
요즘 이만큼
헌신적인 사람이 있는지
어디 한번 찾아보든지!
사장님!
옥수수를 순식간에
먹어치우는 쥐의
머리통을 날려 버리는
제품을 개발했습니다!
농업생물공학 회사
어디 한번 봅시다!
벌컥벌컥!
좋아!
퍼엉!

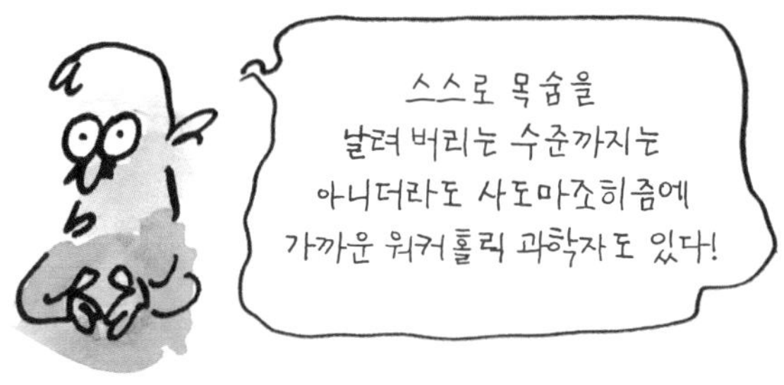

허버트 헨리 울라드와 에드워드 카마이클은 자기희생의 본보기라 할 수 있다. 그들은 원초적인 고통과 관련된 문제를 직접 시험하기로 했다. 그건 다름 아닌, 고환에 가해지는 충격 강도에 따른 통증 수치를 측정하는 시험이었다.

누가 선택됐는지는 몰라도, 피험자는 동료의 뜻에 따라 고환을 완전히 노출한 채로 실험용 침대 위에 누워야 했다.

피험자가 오른쪽 고환에 300그램 정도 충격을 받았을 때…

"오른쪽 사타구니에
약간의 통증."
윽…

기록해야 해!

500그램이 되었을 때…

"사타구니에서
오른쪽 고환 부위까지 통증.
오른쪽 고환 역시 통증."

으으윽!

650그램까지 올라가면 고환에 엄청난 통증이 밀려든다.

아래 도표는 고환에 충격을 가할 때, 몸에 느껴지는 통증을 나타낸 것이다.

오른쪽 고환 관찰

300그램	…	오른쪽 사타구니에 약간의 통증
350그램	…	오른쪽 사타구니에 통증
400그램	…	고환에 약간의 통증
500그램	…	사타구니에서 오른쪽 고환 부위까지 통증, 오른쪽 고환 역시 통증
550그램	…	고환과 오른쪽 허벅지 안쪽에 극심한 통증
600그램	…	고환 통증과 함께 오른쪽 요추 부위 통증
650그램	…	고환의 오른쪽 부위에 극심한 통증

울라드와 카마이클의 고환 통증 도표 중 일부

이상하게도 이들의 실험은 더 진척되지 않았는데…
안타까운 일이 아닐 수 없다! 남성의 건강에 아주 흥미로운 기술 노트가 만들어졌을 텐데.

이번에는 독일의 물리학자 요한 빌헬름 리터 이야기다. 요한 리터는 전기 실험, 특히 볼타 전지로 실험하길 좋아했다.

19세기 초, 독일의 폐쇄적인 분위기에 우울해진 리터는 자기 신체의 여러 부위에 볼타 전지로 자극을 가하는 실험을 했는데…

위키피디아에는 거론되지 않는 내용이지만, 리터는 끈질기게 실험했다. 자신의 성기에 전지 자극을 가해… 오르가슴을 느끼는 실험을.

실제로, 리터는 점점 더 자주, 점점 더 강도를 높여 가며 전기 실험을 했다.

리터는 자기 몸에 전기 자극 실험을 너무 많이 해서 생긴 고통을 덜기 위해 아편을 복용해야 했다.

자외선을 발견한 것으로 더 잘 알려져 있는 리터는 이 실험으로 33세에 요절하고 말았다.

또 다른 분야에서 이렇게 아름다운 인물을 꼽으라면, 에반 오넬 케인이라는 외과 의사를 들 수 있다. 1921년 어느 날, 케인은 배가 몹시 아팠다.

케인은 보험이라고는 하나도 들지 않았기 때문에 자신이 직접 수술하겠다는 독한 결정을 내렸고…

배에 코카인과
아드레날린을 주사한 뒤,
수술을 시작했다!

스웨덴의 리처드 한들이라는 아마추어 과학자는 2011년 핵분열 실험을 위해 부엌에 소형 원자로를 구축하려다 위험 물질을 소지한 혐의로 경찰에 체포되었다. 사실, 이베이에는 없는 거 빼고 다 있다. 라듐, 베릴륨 심지어 우라늄까지도.

아무튼 바보들이나
죽도록 일만 하지.

아버지께
그렇게 말해요!

그래, 잘돼 가니?

1800년대처럼 구리와 아연으로
볼타 전지를 만들고 있어요…

훌륭하구나!

…물리학 강의
때문에요.

〈인터스텔라〉의 황폐한 지구가 현실이라면?

영화 <인터스텔라>에서는 자연이 황폐해져서 사람들이 굶주림으로 죽어 간다. 그래서 모두 농부가 된다. 조종사 출신인 주인공 쿠퍼까지도.

하디만 쿠퍼는
텍사스 사람이고,
그의 딸은 아주 총명하다.

아무튼 지구의 종말을 앞두고 인류의 새로운 터전이 될 행성을 찾기 위한 임무가 들판 어딘가에서 비밀리에 진행되고 있다.

인터스텔라(행성 간 이동) 미션을 수행하려면, 인류가 1년 동안 소모하는 에너지의 몇 배가 더 필요하기 때문이다.

에너지 문제뿐만 아니라, 반경 몇 킬로미터 내에는 직원 수백 명이 살고 있을 텐데, 이들이 이 임무를 위해 날마다 비밀리에 출근해야 하는 상황은 어떨까?

어디긴… 옥수수 밭이지, 당연히!
근데 왜
저는 안 데려가요?
콩콩!
네?
코알라
아빠?
사랑하는
아빠.
아빠가 농부가 아니니까!!!
아빠는 우주의 수소 융합 기술자라고!
이제 됐지?
속 시원해?!
뭐가?

한 마을에 살면서 남몰래 비밀 장소로 일하러 가는 사람들… 그들은 어떨까?

이들은 함께 일하고 있다는 사실을 알기 전까지는 신중하게 행동해야 한다.

아이, 거참!
저자 때문에 지각하게 생겼네!

비밀 구역

아무튼 이렇게
비밀스러운 계획은
실패할 수밖에 없어!

이게 그 증거지!

영화 속 담임 선생님들은 학생들에게 오직 농업 공부를 권장한다.

학교에서도 더 이상 우주 정복과 관련된 수업은 전혀 하지 않는데…

성인이 된 쿠퍼의 딸, 머피가 과연 천재적인 우주비행사들을 이끌고 우주 탐험에 성공할 수 있을지도 의문이다!

하지만 우리는
지구에서도 옥수수를
제대로 못 키우는데…

어떻게 훨씬 악조건에서 옥수수를
재배할 수 있다는 말입니까?!

지구에서
대형 온실을
만들겠다면
또 모를까…

하지만 이 영화에서는
자격이 없어도
막중한 임무를
주니까…

대통령의 생일 케이크를 만든 3성급 파티시에가 있다고 상상해 보자.

그런데 사고로 스쿠터를
박살 낸 전적이 있는
배달원을 선택할까?

그 배달원이 사고 이후, 악몽에
시달리는 사람인데도?

<인터스텔라> 속 세상에서는
그런 건 문제가 되지 않는다.

쿠퍼는 비행기 추락 사고를 일으킨 적이 있고, 오랫동안 조종도 하지 않은 데다, 우주비행 훈련도 받지 않았다. 그런데도 NASA는 인류를 구할 사람으로 쿠퍼를 낙점했다.

이번에는 현실 버전 <인터스텔라>를 보자. 이를테면, 운송 수단도 없고 식량이라곤 옥수수밖에 없는…

옥수수 과잉 섭취는 니코틴산(비타민 B3) 결핍증이 생길 수 있으며, 심하면 '펠라그라병'에 걸릴 수 있다. 니코틴산 결핍증의 증상으로는 피부염이 있고…

종말이 가까운
세상에서 이동도
쉽지 않은데…

펠라그라병은 설사를 유발하기도 한다.

심하면 치매에 걸릴 수도 있다.

진짜 <인터스텔라>는 이쯤에서 더는 자세히 보여 주지 않는다. NASA 로켓 발사 기지에서 벌어지는 복잡한 우주 문제를 감추고…

…사고로 트라우마 증상이 있는 조종사에게 우주선을 맡긴 사실도 비밀에 부쳐야 하니까!

그렇지만, 영화적 상상력이 가미된 버전과 현실 버전 두 가지 모두에 아주 현실적인 부분이 있으니…

15

깃털 달린 공룡이 존재했다고?

19세기 초, 공룡은 늪지에 웅크린 어마어마하게 큰 도마뱀으로 묘사되었다.

다행히도 20세기에 공룡 연구가 활발해지면서 엉덩이뼈의 형태에 따라 공룡을 세분하게 되었다.

최근 연구 결과에 따르면 공룡 가운데 일부, 특히 수각아목* 공룡은 몸에 깃털이 있었다고 한다. 깃털이라고 해도 정확히는 보드라운 솜털에 가깝지만… 아무튼 다음에 나올 영화 <쥐라기 공원>은 훨씬 무시무시할지 모른다!

* 수각아목 : 이족 보행을 하는 공룡. 대부분 육식성이었다.— 역자 주

반면, 거대한 타조처럼 생긴 수각아목 공룡 오르니토미무스의 화석에서는 보온이 되는 솜털의 흔적 외에도 앞다리에 날개깃이 달렸다고 추정할 만한 뚜렷한 흔적이 발견되었다.

오르니토미무스는 고산 지대에 살아서 깃털이 발달했고, 날아다니는 데 유리했다고 가정해 볼 수 있다.

아니면 먹이를 잡거나 기어 올라갈 때 날개를 사용했다고 가정해 볼 수도 있다.

하지만 이 모든 가정은 틀렸다.

앞서 설명한 두 가지 가설이 맞았다면, 새끼 오르니토미무스의 깃털은 오늘날의 조류와 마찬가지로 미성숙한 상태여야 한다.

그런데, 오르니토미무스는 몇 년 더 성장해서 청소년기가 되어야 깃털이 생긴다.

결론 : 1억5천만 년 전에는 깃털이 열을 보호해 주는 솜털 형태였을 것이다. 그러다 점차 수컷에게만 깃대가 있는 깃털이 자라기 시작했다.

수백만 년 후, 협곡 바닥에서…

이 화석을 발견하면 샴쌍둥이 공룡이라고 하겠지. (단연 노벨상감일 테고.)

16

영화 속 과학적 오류

박사님께
미국 영화에 나오는 경찰은
왜 그렇게 멋져 보이죠?
M. 발스

미국 경찰이 근사해 보이는 이유는 멋진 정복과 허리춤에 장착한 온갖 장비 덕분이다.

특히 영화 속의 경찰은 그야말로 폼생폼사.

코카인으로 추정되는 물질을 발견했을 때 영화 속의 경찰은… 맛을 본다!!!

실제 형사들은 절대로 마약을 맛보지 않는다. 그 이유는…

1) 위험하기 때문이다. 마약은 세탁 세제, 레바미졸(구충제)이나 페나세틴(해열 진통제) 같은 약물과 식별이 불가능하다.

참고로 레바미졸은 코를 괴사시키는 부작용이 있다.

2) 그러면 왜 영화 속 경찰은 코카인을 맛볼까? 술인지 확인하기 위해 바닥에 나뒹구는 술병도 맛을 보나?

그럴 리가!
형사 양반, 그거 내 오줌이오. 맛좋지.

다른 마약도 마찬가지다.

이건 뭡니까?
그건 안돼요!
그럼 그렇지…
게다가 주사기까지?!
헤로인이에요.
그렇군!! 당신 말이 맞았어!!

3) 경찰이라도 마약을 맛보는 건 불법이다. 하물며 공무 중에!

실제로 수상한 가루가 뭔지 확인하려면 전문가들이, 맨손이 아니라 장갑을 낀 손으로 화학 테스트 기구를 사용해 분석한다.

현실적으로 정말 가능한 일인가 싶을 만큼 영화에서는 사람들을 다짜고짜 기절시키기도 한다.

너무나 손쉽게… 마치 머리 뒤에 작은 스위치가 있어서 간단히 끌 수 있는 것처럼.

기절한 것 같아 보이지만… 실은 깊이 잠들었을 뿐이다. 영화배우는 몇 시간 후면 전혀 다른 곳에서 깨어난다. 물론, 제임스 본드*처럼 고문당할 각오가 되어 있는 경우도 있다.

* <007 카지노 로얄>

그렇지만 현실적으로는 뇌가 두개골에 부딪힐 만큼 머리를 세게 내리쳐야 한 방에 기절시킬 수 있다.

그리고 현실에서는 5분 이상 의식이 없으면 앰뷸런스를 불러야 한다!

<백 투 더 퓨처>의 마티 맥플라이는 또 어떻고! 얼마나 기절을 많이 했는지 감안하면, 맥플라이는 사실 타임머신 드로리안을 몰 때 두개골에 혈종이 가득 차서 침을 질질 흘려야 한다.

아니다! 할 수 있는 일이 전혀 없지는 않다. 경찰은 가택 수색을 할 수 있다.

실제로, 누군가가 위험에 처해 있거나 증거 인멸의 우려가 있다고 판단할 경우, 경찰은 압수 수색을 할 수 있다.

17

방귀의
과학

질문

안녕하세요, 독자 여러분!!
고민이 있는데요.
이걸 어떻게 말해야 할지… ㅋㅋ
남편이 침대에서 자꾸 지독한 가스를
방출하는데 도대체 왜 그럴까요?
무슨 좋은 방법 없을까요? 좀 알려 주세요!!

캐시(생불레방)

SNS에서 영화 <인터스텔라>에 나오는 블랙홀을 두고 의문을 제기하기 한참 전부터…

…NASA에서는 오랫동안 우주비행사의 블랙홀을 연구해 왔다.

선외 우주복은 3분마다 산소가 순환하는데, 이 말은 우주비행사가 자기 방귀 냄새를 3분마다 맡아야 한다는 뜻이다. 우주복에 활성탄 필터가 장착되어 있는 이유가 바로 여기 있으며, 그 덕에 <인터스텔라>에서 쿠퍼 역을 맡은 매튜 맥커너히가 임무를 멋지게 수행할 수 있었다!

방귀를 연구한 독특한 사람도 있다. 바로 물리학자 마이클 레빗이다.

누가 나한테 방귀를 제공해 주겠나?
내가 제공하지!
큰일도 아닌데!
원하는 만큼 주겠네!
대박, 자네들 정말 진정한 친구들이군. 근데…
…방귀 냄새를 맡아 줄 지원자도 필요한데 말이야.
수고비 줄게!
미친놈 같으니!

아무튼, 레빗은 지원자들에게 방귀 냄새를 맡게 했고, 지원자들은 '냄새 없음'에서 '매우 지독함'까지 방귀 냄새가 어느 정도인지 평가해서 기록해야 했다.

관타나모 수용소에서 쓸 장치를 개발하겠다는 심산이 아니라면, 이 실험은 왜 했을까?! 실제로, 인간은 공기를 많이 마신다. 음식물을 먹으면서, 빨대로 음료수를 홀짝이거나 껌을 씹으면서.

방귀의 성분 가운데 99퍼센트는 질소, 이산화탄소, 수소, 산소, 메탄인데, 이 가스체는 무색무취라서 들이마셔도 알 수가 없다.

반면, 나머지 1퍼센트의 위력은 폭발적이다. 여기에는 황을 함유한 세 가지 성분이 포함되어 있기 때문이다.

마이클 레빗이 가장 관심을 가진 부분이 바로 황을 함유한 세 가지 성분이었다. 레빗은 이 가스체의 성분을 감별하고 자원자들과 함께 냄새를 진단했다.

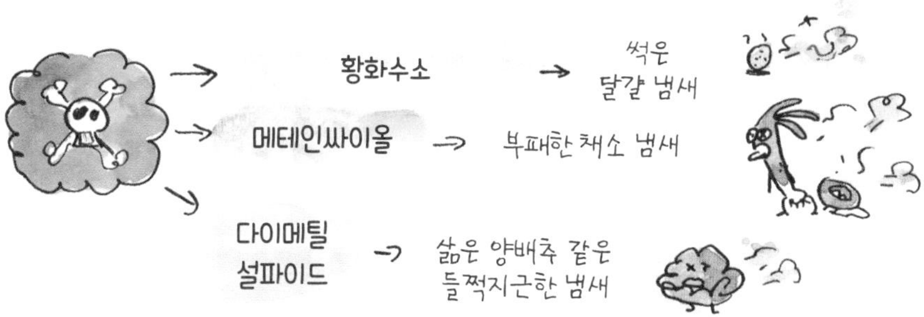

인간이라면 누구나 고유의 화학식을 가지고 몸속에서 몇 가지 성분을 만들어 내기는 하지만, 레빗의 실험은… 일반적으로 '복부 팽만인 여성'의 방귀에 황화수소의 농도가 훨씬 높기 때문에 악취가 심하다는 사실을 증명했다.

콧수염 박사
~ 여성 전문가 ~

대체로 남성은
방귀를 뀔 때 가스 분출량이
여성보다 많아요!
그래서 남성이
방귀 냄새가 더 많이
나죠!
KBM

으아아악!!
휴우!
나 다시
돌아도 되겠다!

하지만 이런 의문이 들 거다.
“방귀는 어디에서 생길까?
무엇이 냄새나는 가스 1퍼센트를 만드는 걸까?”

그 해답은 대장의 일부인 결장에 살고 있는 세균에 있다.

세균의 꽃은 대장균이다. (킴 카다시안*의 모습으로 묘사하겠다.)

클로에 카다시안*의
모습으로 묘사하는
클레브시엘라.

그리고 클로스트리디움.
(코트니 카다시안*)

* 킴 카다시안, 클로에 카다시안, 코트니 카다시안 세 자매는 엉덩이 성형 수술로 유명한 셀럽들이다. — 역자 주

이 세 가지 세균은 우리가 섭취한 음식을 먹고 살면서 (섭취한 음식에 따라) 다이메틸설파이드와 메테인싸이올을 방출해 주위 사람들을 놀라게 한다.

만약 아내가 '세균 문제'를 비난한다면…

…이렇게 대답하면 된다.

또는 이렇게 협박하거나.

실제로, 장에서 생산되어 배출되지 않은 가스는 결장 점막의 모세혈관을 통해 나갈 수 있다.

그리고 방귀는 반드시 배출된다… 아래쪽이 안 되면, 위쪽으로라도.

다녀왔어어어어!

너 이제
꼴찌 됐어.

18 무중력 비행 훈련은 어떻게 할까?

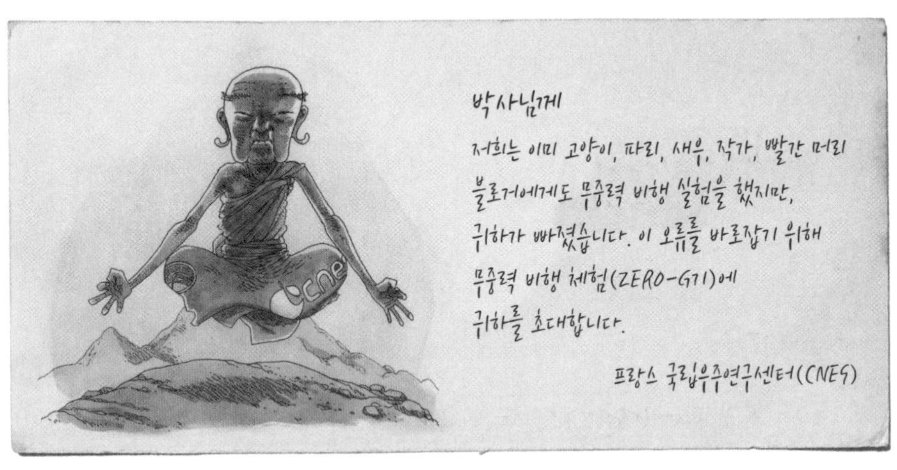
박사님께
저희는 이미 고양이, 파리, 새우, 작가, 빨간 머리 블로거에게도 무중력 비행 실험을 했지만, 귀하가 빠졌습니다. 이 오류를 바로잡기 위해 무중력 비행 체험(ZERO-G71)에 귀하를 초대합니다.
프랑스 국립우주연구센터(CNES)

사람들은 모르지만, 태초의 에덴동산은 무중력 상태였는데…

어느 날인가 진노한 신은…

…인간에게 벌을 내리기로 했다. 인간의 (특히 여자의) 잘못이 틀림없었기 때문이다.

그래서 신은 중력을 창조하여, 모든 것을 지구 중심으로 끌어당기게 했다… 인간을 불멸의 존재가 아니라 필멸의 존재로 만들기 위한 신의 복수였다.

신이 창조한 이 ~~고약한~~ 중력에서 벗어날 수 있는 방법은 몇 가지 없다.

– 우주로 떠날 수 있지만… 너무 멀다.

– ZERO-G기*를 타는 방법이 있다. 비행기가 포물선 비행을 하면, 승객들은 20여 초 동안 미세 중력 상태에 놓이게 된다.

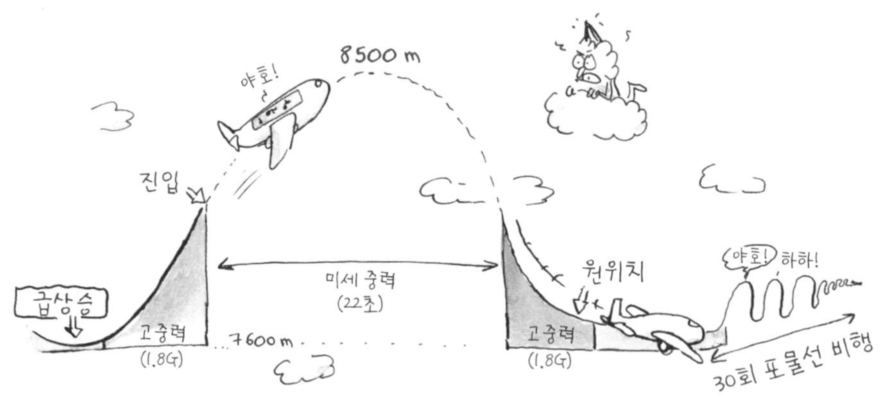

* ZERO-G기 : 우주비행사가 겪는 무중력 상태를 재현하는 과학 조사기.— 역자 주

이 비행은 주로 다양한 우주과학 연구를 위한 실험실로 활용된다.

어디 보자…

ZERO-G기로 실험할 연구 목록
– 신경과학 : 정방은 귀의 감각 기관과 몸의 감각기 정보를 기준으로 이루어진 개인적인 척도다. 정방은 중력이 가해지는 방향에 따라 수정된다는 가설을 세웠다.

정방?

전반

중반

정방?

아야!

또 뭐가 있나?

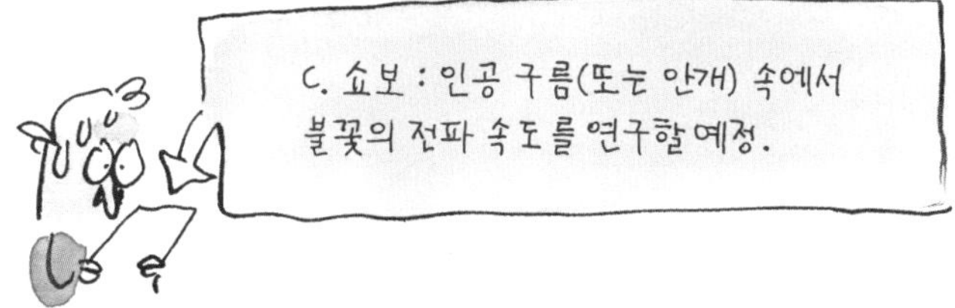

C. 쇼보 : 인공 구름(또는 안개) 속에서
불꽃의 전파 속도를 연구할 예정.

* 비에르크네스 힘: 입자들 사이에 작용하는 인력. 가까워질수록 인력이 작용하지만 너무 가까워지면 반발력이 강해짐. — 역자 주

인류가 우주 정복을 목표로 나아간 역사적인 날짜를 돌이켜 볼까?
1957년 10월 4일, 인공위성 스푸트니크호가 지구 궤도에 진입했다.

1969년 7월 20일, 닐 암스트롱이 달에 발을 내디뎠다.

2012년 4월, 불레*가 ZERO-G기 안에서 무중력 상태로 떠다녔다.

* 불레 : 프랑스에서 활발히 활동하는 만화 블로거. — 역자 주

그로부터 1년 뒤, 마침내 콧수염 박사도 ZERO-G기 비행 체험을 하러 보르도에 도착했다.

* bouletcorp.com

밥은 먹어요. 너무 많이는 말고!
빵 먹을 건데!
괜찮겠죠…
꿀은?
그것도…
커피는?
안 돼요,
안됐지만!
난 바나나만
한 개 먹었어요!
이 버터 크루아상 보이지?
네, 코치님!
손끝 하나 대지 마!
먹으면 사방에 토하게 될 테니까!
멀미 좀 하는 편이에요?
네.
걱정 말아요. 스코폴라민
주사를 맞을 테니까요.
그건 나도
알아요.
스코폴라민은 트로판 알칼로이드 성분이라
멀미에 직방이거든요!
과다 복용하면 위험해서
'좀비 마약'이라고도
부르죠.
…
진실을 불게
할 때도 쓰고…

"포물선 비행 때 체험할 수 있는 무중력 상태는 30초씩 총 5분 정도인데 몸 상태가 안 좋으면 좌석에 묶인 상태로 2시간 30분만 버티면 돼요…"

다음 날 아침.
D-1

메리냐크 공항, 프랑스 국립우주연구센터의 자회사인 노베스파스 센터.

장 프랑수아 클레르부아
(우주비행사이자 노베스파스 회장)

CNES
포물선 비행
n° 102
2013. 3. 23.

그래서!

무중력은
어떻게 만들어질까요?

따라서 다음과 같은 식이 적용됩니다.
비행시간 = $\frac{2v_0 \sin v_0}{g}$
연구자들 + 조종사들 대학 공부기간+142 (합계)
틀림없겠지!

대중 매체 (예술가+사진가+방송사) : 대학 공부 기간+13
+ 보도 담당관

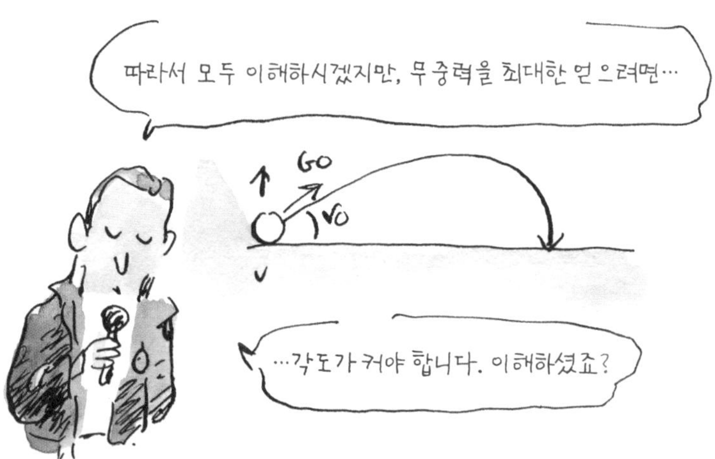
따라서 모두 이해하시겠지만, 무중력을 최대한 얻으려면…
GO
v_0
…각도가 커야 합니다. 이해하셨죠?

얼마 후…
주의하실 점은… 비행기 안에 화장실이 없다는 겁니다.
안 돼!
진짜 급하면 로렌스 올리비에 주연의 〈공군대전략〉을 보면 도움이 되죠!
탁건
남성분들은…
…패트병 하나만 있으면 됩니다.
여성분들께는 특수 물질이 담긴 변기를 준비해 드립니다.
소변이 젤 상태로 변하죠.

연구자들은 비행기 객실 내부를 부드러운 완충재로 겹겹이 싸고 실험 장비를 설치하며 오후를 보낸다.

객실 내부를 완충재로 싸는 이유는 공중에 떠오를 때 다치지 않게 하려는 데 있다. 무중력 상태에서는… 움직임부터 마음대로 제어되지 않기 때문이다.

이 실험을 하려고 15년이나 준비했으니!
이제 신이 존재하는지 알게 되겠지!
으아악

"진입!"

(ZERO-G기가 포물선 정점에 도달했음을 알리는 조종사의 신호!)

따라서 완충재는 필수적이다. 여기에 덧붙여, 피로에 찌든 연구자가 박치기를 할 수도 있다.

기체는 9G까지 견딜 수 있도록 설계되어 있다.

야닉을 비롯해 노베스파스의 기술자들은 연구자들에게 필요한 건 뭐든 갖추고 있다고 단언한다.

기술자들은 숙달되어 있기 때문에 첫 비행으로 불안해하는 이들이 어떤 질문을 하든 대답해 주면서 경험을 공유한다.

안타깝지만,
그건
안 됩니다.
위험할지도
모르거든요!
진짜
안타깝네요!

하하하!

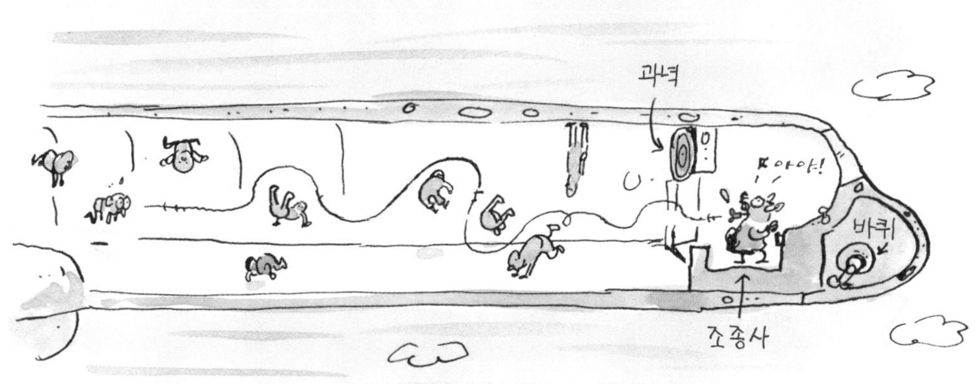
과녁
아야!
바퀴
조종사

저녁에는 간부들과 식사를 한다.

세바스티앙,
자네는 어떤 논문을 준비하나?

우주비행사
M. 클레르부아

CNES
기술자

자기권입니다.

콧수염
박사님은?

의사

CNES
기술자

CNES
보도 담당관

조종사

음…
그게, 음…

저도 자기권에
관심이 많은데…
이미 하고
계시는군요.

그래서 저는…
블로고스피어*를 연구하지요.
하하하!

* 블로고스피어 : 블로그를 통해 커뮤니티나 소셜 네트워크처럼 서로 연결된 블로그의 집합. — 역자 주

저는 아가미로 하겠습니다!
아, 그거 좋겠네요!
그럼 박사님은?

날개요! 저도 날개로 할게요!
하하하!
당연히 날개죠!

이상 행동에 관해 의사는 특히 목소리를 높이는데…

…흥분을 가라앉히지 못한 상태로 잠이 들면 숙면을 취할 수 없다고 한다. 그리고 그 상태로 꾼 꿈은 다 개꿈이다.

숙면을 취하고 다음 날 오전 7시, 비행을 하러 간다. 7시 45분에는 우주복이 분배된다.

이어서 멀미가 나지 않게 스코폴라민 주사를 맞는다.

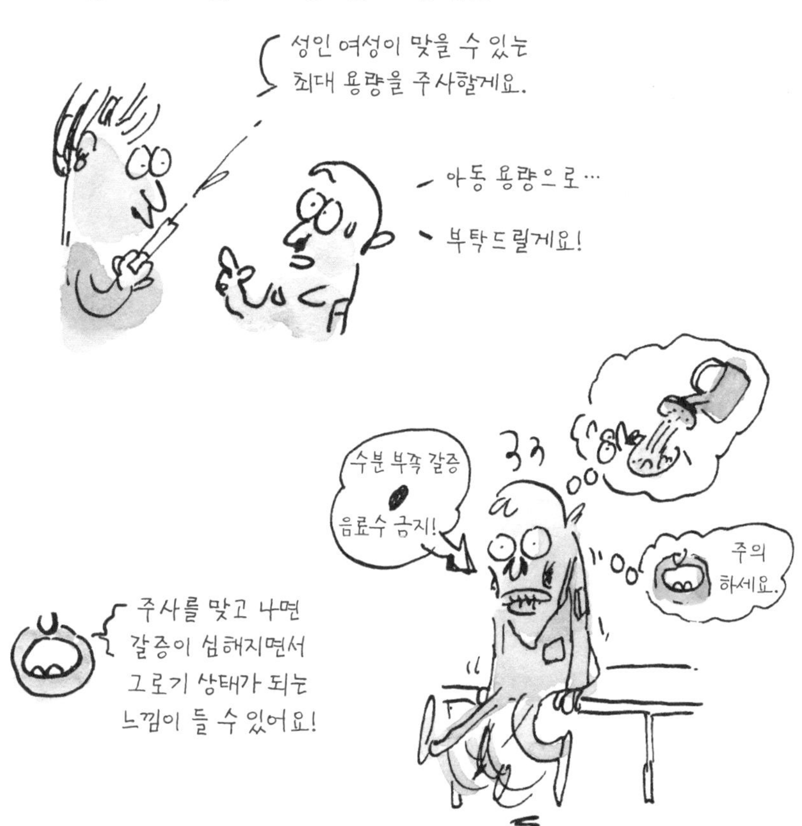

스코폴라민 주사 결과, 멀미는 걱정할 필요가 없다. 포물선 비행이 시작되면 승객은 1.8G에 달하는 중력을 느낀다. 온몸이 납덩어리가 된 듯 무거워지고, 가슴에는 고릴라가 올라타 있는 느낌이 든다. (그래서 초심자들은 반듯하게 누워 있다.)

뒤이어 무중력 상태가 시작되면… 다음과 같은 상황이 벌어진다.

뇌가 이 상황을 인지하면 공황 상태에 빠지게 되고…

…중독되었다고 느낀다. 그래서 뇌는 어쩔 수 없이 반응한다…

토하는 곳
위급할 경우 유리창을 깨시오.
와장창!

주사를 맞아도 두 명 중 한 명꼴로 심한 멀미를 한다. 그래서 비행기에 구토 봉지가 준비되어 있다.

비행기는 직선으로 비행하지 않고, 47도 각도로 급상승한다.

다른 현상도 나타난다. 지상에서 심장은 중력에 맞서 싸우며 혈액을 머리로 보낸다. 하지만 무중력 상태에서는 더 많은 혈액이 지속적으로 머리에 보내진다. 그 결과, 초심자는 얼굴이 퉁퉁 붓는다.

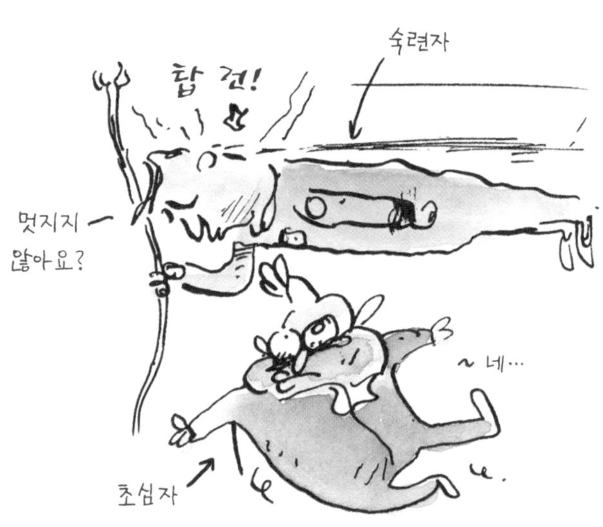

그래서 우주 영화 속에서는 그 유명한 '인공 중력'을 활용하게 된다. 그 덕에 영화 속 주인공들은 멋진 모습을 잃지 않는다!

안젤리나 졸리
(재미로)

마지막으로, 무중력 상태에서는 몸이 제대로 움직이지 않고 마치 제동이 걸린 것처럼 속도가 느려진다. 그래서 특히 주의해야 한다. 아주 작은 몸짓도 예측할 수 없는 무익한 결과를 가져오기 때문이다.

아무 쓸모없는 헛발질

줄

행동

반응

?

반응의 반응

?

전체적으로는 이런 모습이다.

22초 뒤, 조종사가 "30초."라고 소리치면, 반드시 두 발을 바닥 쪽으로 향하게 해야 한다.

고중력(1.8G)로 돌아가는 순간, 모두 바닥으로 내려오게 되기 때문이다.

2시간 30분 동안
펼쳐졌던
멋진 비행 체험이
모두 끝나 지상으로
돌아오면…

우주복을 반납하고…

집으로 돌아가면 된다… 스코폴라민 주사 없이.

19

과학자들의 괴팍한 실험

여러분,
안녕!
탁!
타닥!
탁!

일도 안 하고
페이스북에 빠져 있네?!
그게…!

페친들한테서
영감을 얻는다는
말만 해 봐, 어디!
알았다고요!

자, 이제
그럼…

편지 왔으니까

젠장, 전구가 또 나갔네!
박사님,
위대한 과학자들 정신 상태가
정상인 거 맞아요?
블루

솔직히… 천재성에도
불구하고 우리 과학자들은
결점 한두 가지쯤은
가지고 있다…
과학자는 약간
괴짜일 필요도 있고…

헤니히 브란트라는 사람은… 1670년대에 아주 기발한 생각을 했다.

내 오줌을 증류해서
금을 만들어 내야지!

브란트는 소변 50통을 모아서 증발하게 내버려두기도 하고…

온갖 난해한 실험도 했다. 그런데 소변을 끓였을 때, 남은 잔여물이 빛을 내기 시작하더니…

…저절로 불이 붙었다. 브란트가 인을 발견한 것이었다.

땡 잡은 거지!
인은 금보다
훨씬 비싸게 팔렸다.

문제는 인을 120그램 얻으려면 소변 5,500리터가 필요하다는 점이었다. 1750년 스웨덴 출신의 칼 셸레는 양동이에 소변을 잔뜩 받아 놓지 않고도 인을 만드는 방법을 발견했다.

셸레는 자신이 발견한 모든 물질을 맛보는 괴벽이 있었다.

셸레는 자신이 발견한 물질을 모두 발표하지 못할 만큼 정신이 나갔다. 그렇지만 가장 먼저 염소를 발견한 인물은 셸레였다!

그래서 셸레는 바보같이 실험실에서 죽었다. 그로부터 30년 후, 화학자 험프리 데이비가 다시 발견해 염소라고 명명했다.

험프리 데이비, 그는 하루에 서너 번이나 웃음이 나는 염소 가스를 마셔서…

염소 가스 중독으로 사망했다고 추정한다.

몇몇 과학자들은 머리가 살짝 돌았을 뿐만 아니라 사도마조히스트처럼 보이기까지 한다! 생리학자 홀데인은 감압 실험에 오랜 시간을 할애했고, 직접 감압실에 들어가… 압력의 변화를 몸소 실험했다.

심지어 아내에게도 실험했다.

다른 분야의 과학자로는 생물의 엉덩이를 연구한… 린네가 있다.

이 생물학자는 홍합에 매력적인 이름을 부여한 최초의 인물이다.

린네는 대합 조개류의 이름을 기존에 있는 수많은 단어에서 찾아 붙였다.

식물에도 마찬가지였다.

* 클리토리아 테르나테아 : 나비 완두라는 뜻의 허브 식물로, 버터플라이피라고 한다.— 역자 주

과학자도 인간이에요!
약점 때문에…
가슴앓이를 하죠.
가끔.
밀레바를 사랑한
아인슈타인처럼…

둘은 결혼 전에 딸을 낳았다. 당시 사회적으로 혼전 출산은 중대한 결격 사유였기 때문에 비밀리에 딸을 입양 보내야 했다. 얼마나 가슴 아팠을까!

20

타임머신과 시간 여행의 역설

이따금 휴가를 보내며 적당히 쉬어 갈 필요가 있다. 나는 노르망디 너머… 야생 지대에서 모험하기를 즐긴다.

하지만 모험도 잠시, 얼마 지나지 않아 직업의식이 발동한다.

그래서 비행기를 타고 돌아오며 (독자들을 위해) 행성의 3분의 1을 오염시키고…

대중 속으로 뛰어들었다… 눈물을 머금고.

두두우우우우우우우!

우와! 구릿빛이 됐네.

아아아아악!

피가 묻어서 그래요!

제대로 씻질 못해서!

자, 받아. 여행 간 사이에 받아 놓은 편지야.

박사님께

박사님은 모르는 게 없으시니까…
타임머신에 대해 설명 좀
해 주세요…

에메릭 타티용

시간을 여행하는 타임머신이라… 다 허튼 수작이지!
그게 있으면 내가 휴가 보내던 순간으로도
돌아갈 수 있겠네!
내가 회색 곰을
놓쳤던 순간으로도…
그래도 좀
들어 봐…

예를 들어, 사냥 장비를 가지고 그 시간으로 돌아갔다가…

…멍청한 사고가 일어날 수도 있다!

으아악!
타임머신
젠장! 자살 행위네!

퍽!
퍼억!

연어 사냥 관둘래.

수많은 평행 우주와 잠재적 현실이 있다고 생각하는 이들이 있다. 이들에게 시간을 거스른 여행은 한 세계에서 다른 세계로 이동하는 것이다.

하지만
이고르 노비코프 같은
물리학자는 평행 우주를
허튼소리라고 말한다.

하지만 터미네이터는 씁쓸한 경험을 했다. 터미네이터가 존 코너의 어머니(사라)를 죽이러 과거로 가지 않았다면, 사라는 터미네이터를 막기 위해 미래에서 온 카일 리스와 사랑에 빠져 존 코너를 임신하는 일은 없었을 것이다.

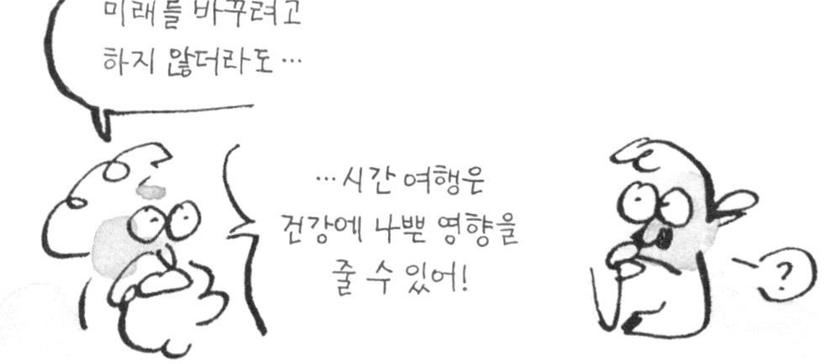

시간을 거슬러 20세기 초로 간다고 치자. 그 엄청난 시차를 버텨 낼 수 있을까?

그러다 천연두에 걸린 한 소녀가 당신을 보살피게 되었다고 생각해 보자.

타임머신을 타고 과거로
거슬러 갈 경우, 가고자 하는
장소에 무사히 도착할지
어떻게 알 수 있나?

지구가 같은 위치에 있다고
어떻게 장담할까? 그 자리가
텅 빈 우주 공간일 수도
있지 않을까?

2020년으로… 무사히 돌아갔다고 치자. 그것도…

…천연두에 걸린 채. 그런데 천연두는 1977년 이후 지구상에서 완전히 사라진 전염병이다.

그리고 천연두 백신을 다시 만들 수 있는 바이러스 샘플은 세계에 두 곳밖에 없다. (애틀랜타의 실험실과 러시아의 실험실.)

타임머신이 존재하기 이전 시대로는 이동할 수 없기 때문이다. 그런데 <터미네이터 1>은 1984년에 개봉한 영화다. 그때 당시 가장 현대적인 기기는 미니텔이었다.

역사 관광을 한다면! 그 잠재력을 상상해 보자!

타임머신을 바이에른 지방의 농촌에 주차하십시오.
무전여행 1939~1945
식사?
숙박 및 아침 식사는 (현지에서는 '베트 운트 프뤼스튁') '분더부어스트'에서 가능합니다.
분더부어스트

매력적인 주인장이 그 유명한 소시지와 브레첼을 제공합니다.
우와!
다 먹지 않고 남기면 주인장이 기분 나빠할 수 있으니 주의하세요!
배가 너무 불러요!
뭐?
음식 값 낼게요!

주의, 유로가 없던 시대!
출발하기 전에 반드시
마르크화를 준비하세요.

내가
깜빡했네!

찰싹!
찰싹!

결론은 하나야. 휴가는 끝났어.
끝이라고, 끝. 과거로는 못 돌아가.
우에에에!

리

천체물리학자의 생활

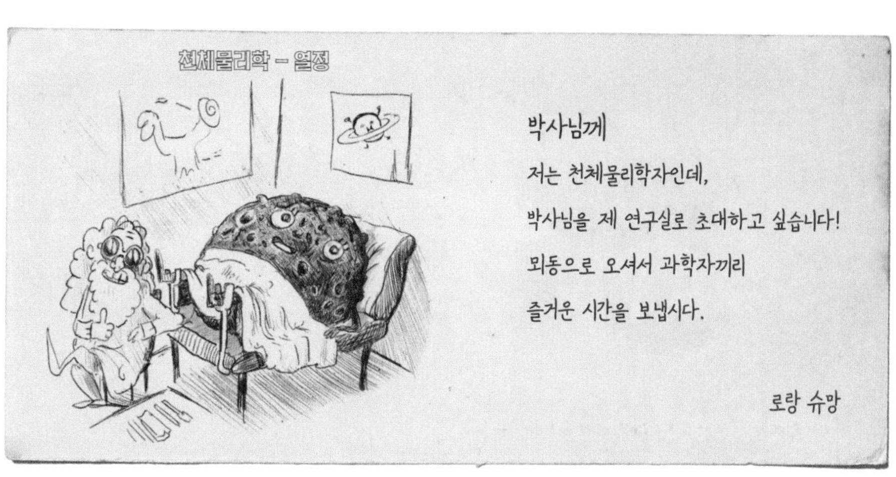

어느 일요일, 콧수염 박사와 나타나엘이 파리 교외에는 어쩐 일일까?

내가 과학자를 만난다고 하면
둘러대는 말이라고 생각할지도 모르지만…
말이야 바른 말이지…
통하지도 않는 사람을
왜 만나려고 해?
다 왔는데,
천체물리학자는 어디 있지?
때맞춰 잘 오셨습니다!
금성과 목성의 충돌을 목격하실 수
있을 겁니다!
로랑 슈망
안녕하세요!
어랏!

기억해 둘 것. 이 손짓은 천재들만 알아본다는 걸.

나는 천체물리학자의 생활을 전혀 몰라서 신비로워 보인다. 하루를 어떻게 보낼까?

아침부터 일해도
두뇌 회전이
잘 되나?

조심해!!
달이
블랙홀로
떨어지겠어!
안 돼!
이럴 수는 없어!

아아아악!
빠졌어!
망했네!!!
에이!

칠칠치 못하게!
공부깨나
한 사람이.
잘했네!

여기가 제가 일하는 건물입니다.
예전에는 마구간이었죠.

뫼동에 있는 망원경은 작동하기는 해도, 연구원들은 사용하지 않는다. 빛이 너무 오염돼서.

사람들은 천문학자가 우주비행사처럼 아침에 일어날 때마다 다음과 같이 말할 거라고 생각할지 모르지만…

현실에서는 어떤 연구에 관한 아이디어가 떠올랐을 때, 같은 연구가 이미 발표되지는 않았는지 확인하기 위해 기사를 많이 읽는다.

그런 다음, 연구 주제를 승인 요청하고 유효성이 있는지 적합 판정을 기다리는데… 판정은… 몇 달 뒤에나 얻을 수 있다.

로랑은 자신의 연구 주제를 설명하기 전에 현재 상황부터 상기시킨다. 이것이 우리의 은하 중, 로랑이 설명한 막대나선은하이다.

틀렸다! 실제로는 아래 그림과 같이 생겼다.

우리 은하 중심부에는
태양 질량의 400만 배에
이르는 초대질량 블랙홀이
있습니다. 더 자세히
설명해도 어디 가서
말하지 않으실 거죠?
네에에에에!
물론이지!

하지만… 블랙홀은 모든 걸 빨아들이는데…
우주의 수세식 변소라고!

콰르르르!

콰르르르릉

신

태양

〈인터스텔라〉에서처럼 블랙홀로 빨려 들어가나요?

우리는 블랙홀로 빨려 들어가지 않을 겁니다!

그게 아니라… 우리 은하와 안드로메다 성운이 충돌할 거예요.

약 20억 년 후에나… 일어날 일이다.

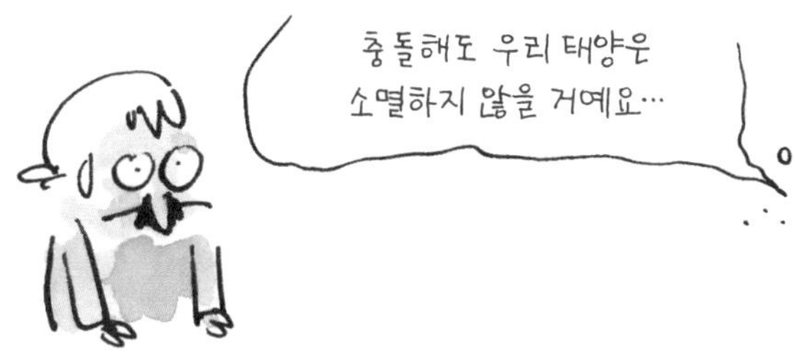

…대신 그 여파로, 태양열이 강렬해져서 바다가 뜨겁다 못해 끓어오르게 된다.

감자튀김

홍합 요리

좋아! 그럼 해수욕장에서 수영해야지!

아무튼 그런 날이 오려면 20억 년은 걸릴 거라니까!

이쯤은 땅 짚고 헤엄치기 수준이죠! 제 연구 주제는…

…암흑 물질입니다!

로랑은 은하계에 있는 별의 회전 속도가 비정상적이라는 사실을 복잡한 계산을 거쳐 그래프로 보여 준다.

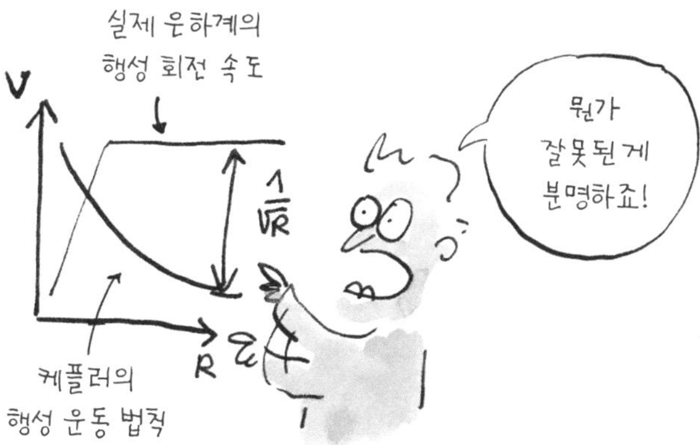

전자기파로도 관측되지 않는 암흑 물질은… 뭔지도 모르고 알려지지도 않은 생소한 입자로 이루어져 있을 것으로 추정하고 있다.

우주 공간의 90퍼센트 정도
차지한다고 추정하는
암흑 물질 때문에…
우주가 종말을 맞을지도
모른다.

22

개 사료를 파이로 착각한 남자

우리 같은 과학자들은 대체로 해마다 몇 주 정도는 학회와 심포지엄에 참가한다. 나는 이런 기회에 동료 연구자들의 지식수준을 가늠해 보고 나와 비교해 보기도 한다. 다들 우수한 편이지만 나보다 뛰어나지는 않다.

학회에서는 필기해도 누가 뭐라고 하지는 않는다…

하지만 실생활과 관련이 있으면서도 아직 제기되지 않은 의미 있는 질문을 하는 과학자는 그동안 거의 없었다.

그날 캐나다의 호텔 방에 돌아온 나는 잠을 이룰 수가 없었다… 개 사료는 무슨 맛일까? 개는 무슨 맛을 느낄까?

광고에 나오는 부인은 왜 개 사료에 파슬리를 뿌려 줄까?

그리고 고양이들은 왜 그리 까다로울까?

사실, 2009년에 이미 인간에게 개 사료를 맛보게 하는 실험을 했다. 이 실험을 위해 피험자 18명이 선발됐다.

피험자의 72퍼센트가 여러 가지 파이 중 더럽게 맛없다고 평한 파이가 하나 있었다. 닭과 칠면조용 사료였다. 이 결과는 먹을 만하다고 생각하는 이들도 있었다는 의미다.

파이가 더럽게 맛없다고 생각한 피험자 10명 중 3명은 그 파이가 사실은 개 사료라는 사실을 알아맞혔다. 나머지 사람들은 개 사료로도 형편없다고 생각했다.

* 헤어볼 : 고양이가 털을 손질하면서 삼킨 털이 몸속에 쌓여 만들어지는 뭉치. — 역자 주

사실, 개는 맛을 판단할 때 맛보다는 냄새에 훨씬 더 의존한다.

결과적으로 보자면, 개는 맛있는 냄새라고 생각하면 뭐든 먹을 수 있다.

이 사실에 착안해, 사료 제조업자들은 사료에 개가 좋아하는 푸트레신과 카다베린 등 (암모니아에서 치환된) 아민류 화합물의 향을 추가했다.

푸트레신은 사체에서 검출되는데, 부패한 사체에서 나는 냄새가 바로 푸트레신 때문이다. 하지만 세균성 질염과 구취에서도 푸트레신이 검출된다.

고양이는 단맛을 전혀 느끼지 못한다.

도대체 뭘 좋아하는 거야!

반면, 사료 제조업자들이 '고양이의 마약'이라고 부를 만큼 고양이는 피로인산염을 좋아한다. 하지만 인간에게 피로인산염은 무취, 무미한 물질이다.

CSPI*에서 실시한 조사에 따르면, 1973년 개 사료용 통조림의 3분의 1을 인간이 먹었다는 결과가 나왔다. 개 사료용 통조림은 값이 저렴할 뿐만 아니라 질적으로도 싸구려 미트볼에 뒤지지 않기 때문이었다. 경제 위기의 시대에 얼마나 이상적인가!

* CSPI : 미국 공익과학센터(영양 및 건강, 식품 안전, 알코올 정책 및 건강한 과학을 연구하고 지지하는 소비자 권익보호단체)

23

공룡은 어떻게
짝짓기를 했을까?

공룡이 어떻게 짝짓기를 하는지 알아보려면 공룡의 생식기부터 알아야 하는데…

고생물학자 케네스 카펜터는 저서『알, 둥지, 새끼 공룡』(1999)에서 수컷 공룡의 특성을 '정결'이라는 용어를 사용해 설명했다.

* (말 그대로.)

수컷 공룡은 성기가 돌출되어 있지 않았다는 뜻이다. 얼마나 안타까운 일인지. 고질라가 왜 그렇게 흉포한지 설명할 수 있었을 텐데.

카펜터의 가설은 공룡이
새의 조상이라는 점과 관계가 있다.
수컷 비둘기를 예로 들면,
성기가 아니라…
콩알만 한 구멍이 있다.

이 구멍을 총배설강이라고 한다. 대변과 소변 배출, 생식(새끼나 알의 출산) 모두 구멍 하나로 처리한다.

새들은 '총배설강 교미', 다시 말해 총배설강을 비벼 대며 짝짓기를 한다. (공룡도 마찬가지라고 가정해 볼 수 있다.)

참새라면 총배설강 교미가 순조롭지만,
꼬리가 뻣뻣한 비조류 공룡
티라노사우루스 렉스는
상황이 전혀 다른데…

그래서 일부 전문가들은 공룡의 짝짓기는 암컷이 엉덩이를 쳐든 '고양이 자세'로 했다고 추정하기도 한다.

(짧은 앞다리가
유용하게 쓰임.)

하지만 등줄기를 따라 골판이 나 있는 스테고사우루스는 어땠을까?

고생물학자들은 스테고사우루스의 짝짓기 자세에 관해서는 다른 가설을 내놓았는데…

더 편한 자세였을 거라는 가설도 있다. 모로 누워 서로 배를 맞댄 자세로 짝짓기를 하는 것이다.

영화 <쥐라기 공원>에서 주인공들이 만나는 첫 번째 공룡은 용각류인 브라키오사우루스로, 몸무게가 30톤에 이르는데…

용각류 공룡의 경우, 몸무게 때문에 뒤에서 교미하기 힘들다.

일부 과학자들은 키 큰 용각류의 경우, 수컷이 암컷의 등에 올라타면 지상에서 너무 높이 올라가게 되어 혈류가 약해져서 뇌에 피가 공급되기 힘들었으리라고 추정했다.

하지만 이 사실을 기억하라. "자연계는 늘 길이 있다!"

생물학자 스튜어트 랜드리는
거대한 공룡이 무게를 견디기 위해
물속에서 부력을 이용해
짝짓기를 했다고
추정했지만…

…적어도 수심이 10미터는 되는 곳을 찾으려면 동기부여가 필요했을 것이다.

잠깐! 조류는 성기가 없다고 했지만… 사실, 예외는 있다. 바로 오리다.

수컷 오리가 발기하면
갑자기 17센티미터로 커진다.

공룡의 성기가
오리와 같은 비율로
커진다면…

…티라노사우루스 렉스 수컷의
성기는 그 길이가…

…무려 3.5미터에 이를 것이다.

그래서 몇몇 학자들은 공룡에게 성기가 있다면, 오리나 악어의 성기 비율보다 더 클 거라고 추정했다. 그도 그럴 것이…

* 항문기 : 항문의 자극에서 성적 쾌감을 느끼는 시기.— 역자 주

…12미터에 이르는 티라노사우루스 렉스의 성기가 25센티미터라면 웃기는 노릇일 테니까.

아무튼, 과학자들도 아직 확실히 알지는 못하며, 현재로서는 다양한 가설만 있을 뿐이다.

2010년 <텍사스 트리뷴>에서 발표한 여론 조사에 따르면, 텍사스 주민의 33퍼센트가 1만 년 전에는 인간과 공룡이 지구상에 함께 살았다고 믿고 있다.

나는 외로운 천재 가난뱅이!
개미처럼 일해도 아무도
관심 없네!

알아두면 피곤한 과학 지식 2 그래도 아는 게 백배 낫다!

초판 1쇄 인쇄일_2020년 5월 18일 | 초판 1쇄 발행일_2020년 5월 27일
글 · 그림_마리옹 몽테뉴 | 옮김_이원희
펴낸이_박진숙 | 펴낸곳_작가정신 | 출판등록_1987년 11월 14일(제1-537호)
책임편집_윤소라 | 디자인_노민지
마케팅_김미숙 | 디지털 콘텐츠_김영란 | 홍보_정지수 | 관리_윤미경
주소_(10881) 경기도 파주시 문발로 314 2층
전화_(031)955-6230 | 팩스_(031)944-2858
이메일_mint@jakka.co.kr | 홈페이지_www.jakka.co.kr

ISBN 979-11-6026-811-9 04400
ISBN 979-11-6026-808-9 (세트)

이 도서의 국립중앙도서관 출판시도서목록(CIP)은 서지정보유통지원시스템 홈페이지
(http://seoji.nl.go.kr)와 국가자료공동목록시스템(http://www.nl.go.kr/kolisnet)에서
이용하실 수 있습니다.
(CIP제어번호 : CIP2020014850)

* 책값은 뒤표지에 있습니다.
* 잘못된 책은 바꾸어 드립니다.